CEMEG MODYLOL

Llyfr Darllen Cefndir

P J Barratt

SAFON UG/UWCH

Cyhoeddwyd gan Uned Iaith Genedlaethol Cymru,
Cyd-bwyllgor Addysg Cymru,
245 Rhodfa'r Gorllewin,
Caerdydd
CF5 2YX

Mae Uned Iaith Genedlaethol Cymru
yn rhan o WJEC CBAC Cyf.,
cwmni a gyfyngir gan warant
ac a reolir gan awdurdodau unedol Cymru.

Cemeg Modylol CBAC, Safon UG/Uwch
Llyfr Darllen Cefndir

Cyhoeddwyd dan nawdd Cynllun Cyhoeddiadau
Cyd-bwyllgor Addysg Cymru

Cyhoeddwyd gyntaf 2002

Argraffwyd yng Nghymru gan HSW Print,
Cwm Clydach, Tonypandy, Rhondda CF40 2XX

ISBN: 1 86085 511 3

Cynnwys

Cyflwyniad

Rydym yn byw mewn byd cemegol. Mewn cymdeithas fodern yn yr unfed ganrif ar hugain, bydd technoleg gemegol yn effeithio ar bron pob agwedd ar ein bywydau beunyddiol. I'r myfyrwyr sy'n astudio Cemeg Safon Uwch Gyfrannol a Safon Uwch, mae angen gweld y pwnc a'i egwyddorion damcaniaethol yng nghyd-destun ein cymdeithas, ei thechnoleg a'n hamgylchedd ni.

Defnyddir y term *dangos ymwybyddiaeth o* ym Manylebau Cemeg Safon Uwch Gyfrannol a Safon Uwch Cyd-bwyllgor Addysg Cymru (a manylebau byrddau eraill). Gweler Manyleb CBAC, tudalen 9.

Pan ddefnyddir y term hwn, disgwylir i'r myfyrwyr fod yn gyfarwydd â'r pwynt neu'r egwyddor a nodir, disgwylir iddynt allu ei egluro'n fras a hefyd allu ysgrifennu paragraff byr (gydag enghreifftiau o'u dewis eu hunain) yn nodi eu dealltwriaeth o'r testun. NI ddisgwylir, fodd bynnag, i fyfyrwyr allu ateb cwestiynau neu broblemau manwl penodol o ddewis yr *arholwyr*, yn seiliedig ar y canlyniad dysgu arbennig hwnnw.

Yn yr un modd, defnyddir y term "*gwerthfawrogi*" ar gyfer egwyddorion cyffredinol pwysig, e.e. Testun 3.2(ch) a (d), y gellir eu cymhwyso yn eang fel rheol, lle dylai deall yr egwyddorion hyn wella dealltwriaeth gemegol yn sylweddol.

Yn aml mae ymgeiswyr ac athrawon yn ansicr ynghylch yr hyn a ddisgwylir ohonynt wrth baratoi at arholiadau'r Bwrdd. Nod y llyfr hwn yw darparu llyfr darllen cefndirol ar gyfer ymgeiswyr. Fe'i hysgrifennir er mwyn darparu enghreifftiau, yn enwedig yng nghyd-destun cyffredinol yr agweddau cymdeithasol, technegol ac amgylcheddol ar gemeg. Bydd ymgeiswyr yn gallu dewis cynnwys y llyfr i roi enghreifftiau mewn atebion i gwestiynau yn yr arholiadau modylol sy'n galw am y **dangos ymwybyddiaeth** a nodir yn y maes llafur. Cynhwysir peth o'r deunydd yn y llyfr hwn er mwyn darparu enghreifftiau ac ysgogi myfyrwyr i ddarllen ymhellach wrth astudio. Ceir rhai enghreifftiau o foleciwlau organig pwysig ond cymhleth. **Ni ddisgwylir i ymgeiswyr ddysgu adeileddau'r cyfansoddion hyn** ond fe'u cynhwysir er mwyn ennyn diddordeb y darllenwr mewn rhai agweddau ar fyd cyffrous cemeg organig a biocemeg. Dylai myfyrwyr, wrth edrych ar adeileddau'r moleciwlau organig cymhleth hyn, geisio adnabod rhai o'r grwpiau gweithredol a astudir yn y maes llafur, yn enwedig ym **Modwl CH4.** Buddiol fyddai rhagfynegi peth o ymddygiad cemegol y cyfansoddyn ar sail priodweddau'r grwpiau gweithredol a astudiwyd eisoes yn ystod y cwrs. Bwriad CBAC yw **annog yr ymgeiswyr i allu cynhyrchu deunydd o'u dewis eu hunain** ar agweddau ar y pwnc nas diffinnir yn benodol yn y maes llafur. Mae hyn yn cydweddu ag ysbryd meini prawf cyffredin cemeg QCA.

Rhennir y llyfr yn dair adran. Mae'r adran gyntaf yn ceisio cysylltu cemeg y cwrs ag agweddau cymdeithasol, technegol ac amgylcheddol cemeg. Mae'r ddwy adran arall yn mynd â rhai agweddau ar y cemeg ffisegol ac anorganig ychydig ymhellach.

Er bod y llyfryn hwn wedi'i ysgrifennu er mwyn helpu myfyrwyr sy'n astudio ar gyfer arholiadau Safon Uwch Gyfrannol a Safon Uwch CBAC, gobeithir y caiff myfyrwyr eraill fudd ohono. Efallai y bydd o gymorth wrth sefyll y Dyfarniad Uwch Estynedig.

Diolchiadau

Hoffwn ddiolch i Gyd-bwyllgor Addysg Cymru am ei gydweithrediad wrth gynhyrchu'r llyfryn hwn ac yn enwedig y Swyddog Pwnc ar gyfer Cemeg, Patricia Blomley, am ei hanogaeth.

Rwyf yn ddiolchgar i'r Dr David Ballard am ddarllen y llawysgrif.

Yn anad neb, hoffwn ddiolch i'm gwraig am ei goddefgarwch a'i chefnogaeth dros y blynyddoedd.

P. J. Barratt

Adran 1
Cemeg a Chymdeithas

Amaethyddiaeth

Mae sefydlogi nitrogen trwy broses Haber (**Testun 11.2**) yn sail i gynhyrchu gwrteithiau nitrogenaidd anorganig. Yn gysylltiedig â gwrteithiau nitrogenaidd y mae cynnwys cyfansoddion sy'n cynnwys potasiwm a ffosfforws i gynhyrchu gwrteithiau NPK cytbwys. Dylid gwerthfawrogi y gall defnyddio gormod o wrteithiau artiffisial arwain at ewtroffigedd wrth iddynt lifo i mewn i nentydd ac afonydd.

Dylai ymgeiswyr hefyd fod yn gyfarwydd â chyfraniadau eraill gan gemeg at gynnal a gwella cyflenwad bwyd. Mae'r rhain yn cynnwys cemegau a ddisgrifir o dan y penawdau a ganlyn.

Plaleiddiaid

Her fawr i'r cemegydd fu cynhyrchu pryfleiddiaid effeithiol, ond bron yn ddieithriad, gan nad yw eu heffaith yn benodol, lladdwyd rhywogaethau diniwed a buddiol wrth eu defnyddio yn ogystal â rhai dinistriol.

Mae'n debyg mai'r mwyaf adnabyddus o'r holl bryfleiddiad yw DDT, sy'n gyfansoddyn organohalogen.

(Canlyniad Dysgu (dd) **Testun 14)**

Yn ddiweddar, cyfyngwyd ar ddefnyddio DDT oherwydd ei wenwyndra a'r ffaith ei fod yn cronni yn y gadwyn fwyd. Mae'n hydawdd mewn braster ac yn anadweithiol. Mae digon o dystiolaeth am ei effaith ar ysglyfaethwyr ar ben y gadwyn fwyd. Cafodd DDT ei syntheseiddio gyntaf ym 1874 gan Zeidler ond ni sylweddolwyd ei bwysigrwydd tan tua 1939 pan ddarganfuwyd ei fod yn lladd pryfed. Ym mis Ebrill 1943 gwnaethpwyd ychydig o bwysau o DDT pur yn Lloegr, yn Trafford Park, ar raddfa ffatri beilot. Dechreuwyd ei gynhyrchu ar raddfa fawr yn Nhachwedd 1943. Ar ddiwedd yr Ail Ryfel Byd, achubwyd bywydau di-rif gan y cemegyn, pan y'i defnyddiwyd i drin plâu o chwain a llau ar ffoaduriaid, carcharorion rhyfel, pobl wedi'u dadleoli a'r rhai a ryddhawyd o'r gwersylloedd crynhoi. Fe'i defnyddiwyd yn llwyddiannus iawn ar y dechrau yn erbyn y mosgitos oedd yn cario malaria. Oherwydd bod y mosgito *anopheles* wedi datblygu gwrthiant i DDT a'r ffaith y'i defnyddir yn llai aml, mae'r clefyd wedi dod yn gyffredin unwaith eto mewn llawer rhan o'r byd. Wrth bwyso a mesur, mae'n rhaid pwyso effeithiau buddiol yn erbyn effeithiau andwyol y cyfansoddyn.

DDT oedd talfyriad ei enw anghyfundrefnol blaenorol, sef **d**eucloro**d**euffenyl**t**ricloroethan

Enw cyfundrefnol DDT yw 1,1'-(2,2,2-tricloroethyliden)bis[4-clorobensen]

Ceir pryfleiddiaid organohalogen eraill megis *dieldrin* ac *aldrin* sydd ag anfanteision tebyg i DDT. Oherwydd y cyfyngiadau ar bryfleiddiaid organohalogen, mae nifer o bryfleiddiaid organo-ffosfforws wedi cael eu cyflwyno sydd hefyd wedi bod yn llwyddiannus iawn ond mae ganddynt hwythau eu problemau hefyd. Mae ffermwyr sydd wedi eu defnyddio wrth drochi defaid wedi cael problemau iechyd a hefyd milwyr yn Rhyfel y Gwlff a oedd yn eu cael fel rhan o'r hyn roeddynt yn ei alw'n "coctel Rhyfel y Gwlff". Mae'r pryfleiddiaid hyn yn debyg yn gemegol, mewn rhai ffyrdd, i nwyon nerfau fel Sarin. Sarin oedd y nwy nerfau a ddefnyddiwyd i ymosod ar deithwyr ar y trenau tanddaearol yn Japan rai blynyddoedd yn ôl.

Nid pryfleiddiad yw pob plaleiddiad. Mae gwenwynau llygod fel warffarin wedi cyfrannu at amaethyddiaeth. Gall llygod mawr ddifetha llawer iawn o rawn mewn storfa a gallant beryglu iechyd. Mae'n ymddangos bod rhai llygod mawr wedi dod yn imiwn i effeithiau warffarin, er ei fod yn parhau i gael ei ddefnyddio. Mae warffarin yn wrthgeulydd ac fe'i defnyddir hefyd mewn meddygaeth ddynol er mwyn lleihau tolchenau gwaed.

warffarin

Chwynladdwyr

Yn ogystal â phlaleiddiaid, mae cemegwyr wedi datblygu chwynladdwyr i gael gwared â thyfiant nad oes ei eisiau. Y cyntaf o'r rhain oedd asid 2,4-deucloroffenocsiethanoig, a weithredai fel hormon twf afreolus ar chwyn llydanddail ond nad effeithiai ar wair a grawn. Tyfai'r chwyn llydanddail yn rymus ac wedyn marw. Mae cyfansoddion o'r fath wedi cael eu defnyddio i reoli chwyn ar lawntiau lle mae'r chwyn llydanddail yn cael eu lladd ond y gwair heb ei effeithio.

asid 2,4-deucloroffenocsiethanoig

Arweiniodd datblygiadau pellach at gynhyrchu asid 2,4,5-tricloroffenocsiethanoig. Defnyddiwyd cymysgedd o'r ddau chwynladdwr hyn yn Rhyfel Fietnam i ddad-ddeilio coedwigoedd, a gelwid y cymysgedd yn Asiant Oren.

Wrth gynhyrchu'r chwynladdwyr hyn, ceir deuocsinau sydd hefyd yn halogi'r chwynladdwyr. Mae deuocsinau yn wenwynig iawn, gan achosi nifer o sgil-effeithiau cas.

Mae'r rhain yn cynnwys cloracne (sef cyflwr hyll a pheryglus o'r croen) a namau geni.

deubenso-deuocsin

3

Alcanau, alcenau a pholyalcenau
(Testun 8)

3.1 Alcanau fel tanwydd

Mae angen i ymgeiswyr ddangos ymwybyddiaeth o bwysigrwydd economaidd mawr hylosgi alcanau. (**Testun 8.3**)

Mae alcanau yn foleciwlau anadweithiol. Maent yn bwysig yn bennaf fel tanwydd neu fel defnydd crai ar gyfer prosesau fel cracio. Wrth gael eu cracio, cânt eu trawsnewid yn foleciwlau llai, mwy defnyddiol.

Yr alcan symlaf yw methan a dyma'r prif gyfansoddyn mewn nwy naturiol, a ddefnyddir yn eang fel tanwydd diwydiannol a domestig yn y Deyrnas Unedig a rhannau eraill o Ewrop.

Mae'n llosgi yn rhwydd mewn aer:

$$CH_4(n) + 2O_2(n) \rightarrow CO_2(n) + 2H_2O(n)$$

Yn y DU disodlwyd nwy glo gan nwy naturiol rhwng 1968 a 1970.

Defnyddir nwy naturiol (methan) nid yn unig fel tanwydd ond hefyd fel defnydd crai pwysig mewn llawer o brosesau diwydiannol (e.e. o fethan y ceir hydrogen ar gyfer proses Haber (**Testun 11.2**)). Defnyddir cymysgedd o nwyon petrolewm sy'n cynnwys rhwng 2 a 4 atom carbon ym mhob moleciwl fel tanwydd hefyd. Gellir defnyddio nwy o'r fath fel cyflenwad cludadwy o nwy at ddefnydd domestig lle nad yw nwy'r brif bibell ar gael. Ar ffurf hylifol, gelwir y cymysgedd yn nwy petrolewm hylifedig (LPG - *liquefied petroleum gas*). Weithiau defnyddir bwtan ei hun, er enghraifft mewn stof wersylla.

Tanwydd arall hynod bwysig sy'n cynnwys moleciwlau alcan yw petrol. Mae petrol yn cynnwys moleciwlau sydd â rhwng 6 a 12 atom carbon ym mhob moleciwl. Ceir rhai o'r moleciwlau hyn trwy gracio moleciwlau alcan mwy. (**Testun 8.1**)

Mae tanwydd awyrennau yn cynnwys moleciwlau sydd â mwy o atomau carbon ym mhob moleciwl nag sydd yn y moleciwlau mewn petrol. Ceir tanwydd awyrennau o'r ffracsiwn cerosin a geir trwy ddistylliad cyntaf olew crai. Mae olew diesel ac olew tanwydd yn danwyddau eraill sy'n cynnwys moleciwlau alcan.

Mae'r tanwydd a ddefnyddir gennym bob dydd yn y byd diwydiannol yn seiliedig ar alcanau ac felly mae hylosgi alcanau yn dylanwadu llawer ar ein ffordd fodern o fyw. Y broblem yw bod yr holl danwyddau hyn yn dod o gronfeydd o olew crai a nwy naturiol, sy'n ddarfodedig, ac yn mynd i gael eu disbyddu rywbryd. Mae llawer o bobl yn dweud bod moleciwlau alcan yn rhy werthfawr i'w llosgi a gwell fyddai eu cadw ar gyfer cynhyrchu cemegau organig. Mae'n amlwg bod yn rhaid i ni gael hyd i ffynonellau amgen o egni yn lle tanwyddau ffosil. Y peth arall sy'n peri pryder wrth hylosgi alcanau yw'r ffaith bod carbon deuocsid yn cael ei gynhyrchu a dyma'r prif nwy tŷ gwydr sy'n achosi cynhesu byd-eang.

Mae gwybodaeth am y diwydiant petrocemegol ar gael ar y Rhyngrwyd ar safleoedd megis **www.shell**.com ac **www. ashland.com/education/oil/refining**

Polymeru alcenau
(Testun 8.3)

Mae alcenau yn cynnwys bond carbon–carbon dwbl, y gellir ei agor o dan amodau priodol yn y fath fodd fel bod y moleciwlau alcen yn cysylltu â'i gilydd gan ffurfio cadwyn bolymeraidd. Enghraifft yw hon o bolymeriad adio. Yn ogystal â'r alcenau eu hunain, gall alcenau amnewidiedig gyflawni'r math hwn o bolymeriad.

Dylai ymgeiswyr allu dwyn i gof natur y polymerau hyn a'r defnydd a wneir ohonynt er mwyn gallu cynnwys enghreifftiau o'u dewis eu hunain wrth ateb cwestiynau arholiad.

Dengys y rhestr ganlynol rai o'r polymerau hyn a gall ymgeiswyr ddewis o'u plith wrth enghreifftio.

Monomer	Uned sy'n ailymddangos mewn polymer	Sylwadau ychwanegol	Defnyddiau
ethen	poly(ethen)	**Dau fath** o boly(ethen), sef poly(ethen) dwysedd isel a dwysedd uchel Gelwir hwn yn Bolythen	Offer cegin, cynwysyddion, bagiau plastig, ynysu gwifrau, teganau, a llawer o ddefnyddiau eraill.
cloroethen neu finyl clorid	poly(cloroethen) neu PVC	Cynhyrchir y rhain mewn ffurf anhyblyg neu mae'n feddal a hyblyg os caiff ei gymysgu gyda phlastigydd	Dillad glaw, ynysu trydanol, fframiau ffenestri, pibellau a landeri, haenen lynu ac ati.
propen	poly(propen)	Yn debyg iawn i boly(ethen) ond yn gryfach	Yr un fath o ddefnyddiau ag sydd gan boly(ethen) ond mae'n fwy cadarn.
ffenylethen	poly(ffenylethen) neu bolystyren	Cynhyrchir hwn mewn dwy ffurf, sef y polymer solet a'r ffurf ehangedig gyfarwydd. Y defnyddiau crai yw ethen a bensen sy'n ymuno yn adwaith Friedel/Crafts.	Ewyn polystyren a ddefnyddir ar gyfer pecynnu ac ynysu. Defnyddir y ffurf solet mewn modelau tegan

Monomer	Uned sy'n ailymddangos mewn polymer	Sylwadau ychwanegol	Defnyddiau
$H_2C=CH(CN)$ propenonitril	poly(propenonitril) (*Acrilan*, *Orlon*, ac ati)	Y defnyddiau crai yw propen ac amonia.	Un o'r prif ddefnydd yw i gynhyrchu ffibrau acrylig ar gyfer y diwydiant tecstilau.
methyl 2-methylpropenoad	poly (methyl 2-methylpropenoad) — Persbecs	Y defnyddiau crai yw propanon ac HCN.	Gwrthrychau tryloyw, paneli tryloyw, goleuadau car, ac arwyddion goleuedig. Mae defnyddiau eraill yn cynnwys cynhyrchu baddonau
$F_2C=CF_2$ tetrafflworoethen	poly(tetrafflworoethen) PTFE	Cynhyrchir y monomer o $CHCl_3$ ac HF gan ffurfio CHF_2 sy'n cael ei gracio yn thermol gan roi $F_2C=CF_2$	Ynysu a wynebau gwrthlud
ethanoylocsiethen finyl asetad	poly(ethanoylocsiethen) polyfinylasetad PVA		Paentiau ac adlynion

Efallai y bydd ymgeiswyr sy'n dymuno astudio'r defnyddiau polymeraidd hyn ymhellach am edrych ar adeiledd y polymerau a sut y trefnir yr ystlys-grwpiau ar y gadwyn.

- **Isotactig** pob ystlys-grŵp ar yr un ochr i'r gadwyn
- **Syndiotactig** pob yn ail ystlys-grŵp ar yr un ochr i'r gadwyn
- **Atactig** dim cyfeiriadaeth arbennig i'r ystlys-grwpiau

Anaesthetigion

(Testun 14.4)

Yr anaesthetigion cynnar oedd ethocsiethan (ether) $C_2H_5OC_2H_5$, tricloromethan (clorofform) $CHCl_3$ a deunitrogen ocsid, N_2O (nwy chwerthin). Mae cloral hydrad, $CCl_3CH(OH)_2$ yn gyffur cysgu, a elwir yn "Mickey Finn" mewn nofelau gangster. Mae'r ymchwil i ganfod anaesthetigion diogel yn parhau. Mae CFCs wedi cael eu defnyddio fel anaesthetigion, yn enwedig halothan, $CF_3CHBrCl$.

Cyffuriau

(a) Poenliniarwyr

Y cyffur poenliniarol mwyaf cyffredin yw asbrin. (**Testun 17.8**) Mae'n debyg i hwn yw'r cyffur mwyaf diogel er y gall beri sgil effeithiau niweidiol i rai pobl, a'r mwyaf cyffredin o'r rhain yw leinin y stumog yn gwaedu.

Asbrin

Dangosir cyffuriau poenliniarol eraill isod.

Parasetamol

Ibuprofen

Fel â phob cyffur a moddion, mae cymryd mwy na'r dos a nodir yn beryglus. Mae gormodedd o barasetamol yn achosi niwed ffisiolegol di-droi'n-ôl ac mae maint y cyffur a werthir mewn un pecyn mewn fferyllfa neu siop wedi cael ei leihau yn ddiweddar.

Gellir dangos sut y cynllunnir cyffuriau gyda chyffur gwrtharthritis gwynegol, *ibuprofen*. Datblygwyd y cyffur hwn gan Gwmni Boots yn benodol ar gyfer lliniaru symptomau arthritis gwynegol. Oherwydd hynny, gellir ei ddisgrifio fel *cyffur a gynlluniwyd*.

Sylwch ar y canol cirol (**Testun 13.2**) yn y moleciwl hwn. Mae llawer o gyffuriau, fel *ibuprofen*, yn stereosbesiffig; h.y. dim ond un enantiomer a fydd yn effeithiol yn glinigol.

(b) Cyffuriau gwrthfacteria

Mae cynhyrchu cyffuriau gwrthfacteria yn chwarae rhan bwysig yn y diwydiant fferyllol.

Mae dau gategori o'r cyffuriau hyn, sef

(i) cyffuriau sy'n ymosod ar yr organeb facteria a'i lladd,

(ii) cyffuriau sy'n rhwystro'r organeb facteria rhag tyfu.

Y broblem yw os trinnir bacteria gan ddosiau o gyffuriau gwrthfacteria (gwrthfiotig) ac nid ydynt yn ddigon i'w lladd i gyd, efallai y bydd y bacteria sy'n goroesi yn lluosi gan gynhyrchu rhywogaeth newydd o'r organeb sy'n gallu gwrthsefyll y cyffur. Mae rhywogaethau newydd o facteria diciâu sy'n gwrthsefyll y gwrthfiotigau cyffredin bron yn llwyr, gan beri pryder fod y clefyd wedi dychwelyd yn ddiweddar.

Mae llawer o gyffuriau yn gweithio trwy amharu ar brosesau ensym (gweler Cineteg Cemegol). Wrth wneud hyn mae siâp moleciwl y cyffur yn bwysig. Yn aml mae siâp moleciwl cyffur yn rhoi awgrymiadau am sut i gynhyrchu cyffuriau amgen, mwy effeithiol. Os gall cemegwyr syntheseiddio moleciwlau gyda siapiau tebyg, yna gellir profi effeithiolrwydd y rhain ar samplau meithrin bacteria. Felly mae cynllunio cyffuriau yn dod yn fwyfwy pwysig ac fe'i gwneir erbyn heddiw gyda chymorth modelu cyfrifiadurol.

Dosberthir y cyffuriau gwrthfacteria yn grwpiau o foleciwlau cysylltiedig. e.e. y penisilinau, y sylffonamidau, y tetrasyclinau ac ati.

Y penisilinau

Syr Alexander Fleming sy'n cael y clod am ddarganfod penisilin ym 1929, ond cynorthwyodd dau wyddonydd arall, sef Florey a Chain, gyda datblygu'r cyffur ar gyfer ei gynhyrchu yn fasnachol.

Ceir nifer o benisilinau sy'n seiliedig ar yr un adeiledd sylfaenol.

Y fersiwn effeithiol cyntaf oedd penisilin G.

Penisilin G

Gweinir y cyffur fel rheol ar ffurf yr halwyn sodiwm.

Darganfuwyd bod newidiadau bychain i'r adeiledd yn cynhyrchu fersiynau o benisilin sy'n fwy effeithiol yn erbyn basilysau penodol.

Gellir cynrychioli adeiledd sylfaenol penisilin fel

Adeiledd ampisilin, sy'n fwy effeithiol na phenisilin G yw:

Ampisilin

Carbenisilin oedd y penisilin sbectrwm eang lled synthetig cyntaf, a'i adeiledd yw:

Enghraifft o wrthfiotig arall yw'r cyffur sylffanilamid sy'n lladd bacteria trwy ddisodli asid 4-aminobensen carbocsilig a ddefnyddir gan yr organebau i wneud yr asid ffolig angenrheidiol.

sylffanilamid

asid 4-aminobensencarbocsilig

Sylwer bod gan y ddau foleciwl siapiau tebyg.

(c) Cyffuriau caethiwus

Mae'r asiantaethau sy'n gyfrifol am orfodi'r gyfraith yn ein cymdeithas yn rhoi blaenoriaeth uchel i dargedu defnydd anghyfreithlon o gyffuriau fel heroin, cocên, "crac", amffetaminau ac eraill. Mae ecsbloetio ar bobl ifainc, ac eraill, gan werthwyr a chyflenwyr cyffuriau diegwyddor yn peri pryder parhaus i'r gymdeithas gyfan.

Mae alcaloidau yn foleciwlau basig sy'n bodoli yn naturiol.

Mae morffin a chocên yn enghreifftiau amlwg.

Mae morffin yn bodoli yn y pabi opiwm.

Morffin

Heroin (neu deuamorffin)

Cynhyrchir heroin o forffin trwy ethanoyladu'r ddau grŵp hydrocsi. Dylai myfyrwyr nodi bod y grwpiau -OH mewn morffin yn adweithio yn yr un ffordd yn union â'r grŵ -OH mewn ethanol.

Gelwir heroin mewn meddygaeth yn ddeuamorffin (talfyriad ar gyfer deuasetylmorffin).

Weithiau mae cyffuriau eraill sydd ar gael ar bresgripsiwn at bwrpas meddygol yn cael eu camddefnyddio. Un enghraifft yw amffetamin.

> Sylwch ar yr atom carbon anghymesur.

Moleciwl o amffetamin

Mae'i amffetaminau yn cymbylyddion tebyg i'r cemegau adrenalin ac effedrin, sy'n digwydd yn naturiol. Mae cyffuriau eraill yn gryf iawn a dim ond ychydig filigramau sydd eu hangen i achosi effaith. Un cyffur o'r fath yw'r rhithbair, LSD.

LSD
Asid lysergig deuethylamid

Un o'r cyffuriau a ddefnyddir yn anghyfreithlon amlaf yw tetrahydrocannabinol, a geir mewn resin cannabis. Mae rhai gwyddonwyr o'r farn bod y cyffur hwn yn fuddiol ar gyfer trin symptomau rhai afiechydon fel sglerosis ymledol. Mae ymchwil yn cael ei chynnal i ddarganfod defnyddiau meddygol posibl ar gyfer cannabis ond hyd nes bo'r senedd yn caniatáu defnydd o'r fath, mae'r cyffur yn dal yn anghyfreithlon ar gyfer unrhyw bwrpas.

tertahydrocannabinol

Mae cyffuriau eraill yn dderbyniol gan gymdeithas ond weithiau yn gaethiwus. Yr un mwyaf cyffredin yw nicotin, a geir mewn tybaco a mwg tybaco. Yn ogystal â'r cyfansoddion sy'n arwain pobl i ddod yn gaeth i dybaco, mae cyfansoddion peryglus eraill mewn mwg tybaco. Mae marwolaethau a achosir gan ysmygu yn rhan sylweddol o'r ystadegau marwolaeth. Mae'r cysylltiad rhwng ysmygu a chlefyd y galon, canser yr ysgyfaint ac anhwylderau anadlu wedi'i brofi ers talwm. Mae'n hysbys bellach bod hyd yn oed anadlu mwg pobl eraill yn gallu peryglu eich iechyd yn sylweddol.

Mae hyd yn oed caffein, sef symbylydd a geir mewn te a choffi, ychydig yn gaethiwus.

caffein

nicotin

Gyda rhai pobl, gall ethanol ddod yn gyffur caethiwus gan arwain at alcoholiaeth gronig. Mae'n rhaid i fyfyrwyr ddeall rôl ethanol fel cyffur mewn cymdeithas (**Testun 15.1.5**).

Mae diodydd sy'n cynnwys ethanol yn dderbyniol mewn sawl diwylliant er eu bod wedi eu gwahardd yng ngwledydd Mwslemaidd y Dwyrain Canol er enghraifft. Mae'r rhan fwyaf o oedolion yn yfed ethanol yn gymedrol fel rhan o gymdeithasu ond dylid ei ystyried bob amser fel cyffur sydd â photensial i fod yn beryglus.

Mae mathau gwahanol o ddiodydd alcoholig yn cynnwys meintiau gwahanol o ethanol.

Diod	% bras o ethanol
Cwrw	3 - 5
Gwin	8-13
Gwin cadarn, e.e. sieri	15 -17
Gwirodydd, e.e. wisgi	40

Dylai myfyrwyr wybod y gall yfed gormod o ethanol yn rheolaidd gael effaith andwyol barhaol ar y corff, er bod peth tystiolaeth y gall meintiau bach rheolaidd o alcohol (yn enwedig gwin coch) gael effaith lesol ar iechyd.

Mae ethanol yn arafu adwaith y corff ac mae peryglon yfed a gyrru yn gyfarwydd iawn. Mewn rhai gwledydd mae'n drosedd bod ag unrhyw alcohol yn y gwaed tra'n rheoli cerbyd modur. Yn y DU, yn ôl y gyfraith bresennol, caniateir 80 mg o ethanol i bob 100 cm³ o waed ond mae llawer o bobl o'r farn y dylid gostwng y cyfyngiad neu ganiatáu dim ethanol.

Wedi cyflwyno'r profwr anadlu ym 1967 hi'n hawdd i'r heddlu weld a oedd gyrrwr dros y terfyn. Defnyddiodd yr anadliedydd gwreiddiol y ffaith bod ïonau deucromad(VI) asidiedig yn ocsidio ethanol (**Testun 15.1.4**) gan achosi newid lliw yn y teclyn. Mae modelau diweddarach yn fwy soffistigedig. Mesurir lefel yr alcohol yn y gwaed yn arbrofol yn derfynol trwy gromatograffeg nwy/hylif ac mae'r gwerth yn dderbyniol yn gyfreithiol mewn llys barn.

Ffactorau economaidd

(Testun 11 Modwl CH2)

Rhaid i'r ymgeisydd fod yn ymwybodol o'r ffactorau y mae angen eu hystyried wrth sefydlu ffatri gemegol .

Lleoliad y ffatri

Bydd angen gwneud dewisiadau, gan ddibynnu ar raddfa'r gwaith - penderfyniadau masnachol fydd y rhain. Rhaid cofio nad dewis didrafferth ydyw. Mae angen caniatâd cynllunio gan yr Awdurdod Lleol ar gyfer unrhyw ddatblygiad newydd. Efallai fod grantiau ariannol ar gael i annog cwmnïau i sefydlu mewn rhai ardaloedd. Mae ystyriaethau trafnidiaeth hefyd yn bwysig. Sefydlir llawer o ffatrïoedd mewn ardaloedd lle mae llawer o ddiwydiant eisoes, neu yn agos atynt, gan mai cymharol ychydig o gwmnïau sydd â digon o arian i sefydlu menter newydd. Lle mae llawer o ddiwydiant wedi ymsefydlu eisoes, mae'n debyg y bydd cysylltiadau trafnidiaeth a chyfathrebu yno eisoes, gweithlu ar gael i'w gyflogi a gwasanaethau ar gael fel ynni a dŵr.

Penderfynu a ddylid cynhyrchu o gwbl

Cyn codi unrhyw ffatri mae llawer o bethau i'w gwneud. Dyma rai o'r pwyntiau y byddai cwmni yn eu hystyried.

- Ymchwil marchnad i weld a fydd yn bosibl gwerthu'r cynnyrch.
- Ymchwil a datblygu ar y broses. Efallai y bydd hyn yn cynnwys adeiladu ffatri beilot.
- Costio'r broses yn drwyadl a rhagfynegi'r pris a geir trwy werthu'r cynnyrch a'r amser cyn y bydd y cwmni yn dechrau gwneud elw o'r broses.
- Cydbwysedd màs a chydbwysedd egni ar gyfer y broses.
- Ystyriaethau diogelwch ac amgylcheddol.

Costau'r broses

Mae sawl ffordd o gyfrifo costau ond y dull traddodiadol yw eu rhannu rhwng Costau Sefydlog a Chostau Newidiol.

Costau sefydlog yw'r rhai nad ydynt yn amrywio yn ôl trwybwn y ffatri unwaith y'i codir. Mae costau newidiol yn amrywio yn ôl yr hyn a gynhyrchir.

Gan anwybyddu'r tir lle adeiledir y ffatri, a fydd efallai yn safle sydd eisoes ym mherchnogaeth y cwmni neu yn dir a ddarperir gan asiantaeth datblygu ardal,

mae'r costau sefydlog yn cynnwys

- Ymchwil a datblygu
- Cost cyfalaf y ffatri

(Yn gysylltiedig â chost y ffatri y mae'r cwestiwn o ble daw'r arian i'w hadeiladu. Efallai y bydd y cwmni yn defnyddio ei arian wrth gefn ond mae'n fwy tebygol yr ariennir adeiladu'r ffatri trwy fenthyg gan fanc neu drwy werthu cyfranddaliadau newydd. Bydd rhaid talu llog ar arian a fenthycir gan y banc a chymryd y llog hwn i ystyriaeth, a hefyd a fydd yn newid dros gyfnod ad-dalu'r benthyciad.)

- Dibrisiad. Mae hyn yn cymryd i ystyriaeth hyd oes y ffatri.
- Costau llafur. Mewn ffatrïoedd cemegol modern mae nifer y gweithwyr yn fach. Felly mae cost y llafur yn eithaf cyson ac yn aml ni fydd yn amrywio llawer yn ôl trwybwn y ffatri.

Mae'r Costau Newidiol yn cynnwys

- Defnyddiau crai (gan gynnwys darparu dŵr oeri)
- Costau egni
- Costau gwaredu gwastraff a chostau diogelwch
- Ystyriaethau amgylcheddol yn enwedig mewn sefyllfaoedd lle mai'r "Llygrwr sy'n Talu"

Graddfa'r gweithredu

Un ystyriaeth yw graddfa weithredu'r ffatri. Bydd yr ymchwil gychwynnol wedi rhoi rhyw syniad o faint o farchnad sy'n bodoli ar gyfer y cynnyrch. Bydd dadansoddi'r costau sefydlog a'r costau newidiol yn aml yn dangos nad yw'r gost am bob uned màs o gynnyrch yn amrywio gymaint â hynny gyda'r raddfa gweithredu. Mae hyn yn arbennig o wir gyda chemegau cain fel cyffuriau.

Efallai y bydd graff o'r gost am bob uned màs o'r cynnyrch yn erbyn cyfanswm y cynnyrch a gynhyrchir bob blwyddyn yn edrych rhywfaint yn debyg i'r graff isod.

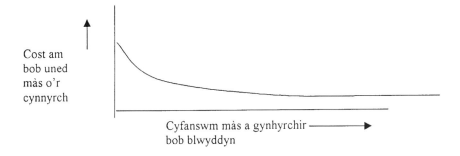

Ethanoig anhydrid a pholyesterau

(Testun 15.3.5 Modwl CH4)

Ethanoig anhydrid yw $(CH_3CO)_2O$.

Mae ethanoig anhydrid yn **ethanoyladydd** o bwys.

Un ffordd o'i gynhyrchu yw cracio propanon

$$CH_3COCH_3 \rightarrow CH_2=C=O + CH_4$$

Y cynhyrchion yw ethenon a methan.

Yna, adweithir yr ethenon ag asid ethanoig

$$CH_2=C=O + CH_3COOH \rightarrow (CH_3CO)_2O$$

ethanoig anhydrid

Un o'r prif ddefnyddiau ar gyfer ethanoig anhydrid yw i gynhyrchu cellwlos ethanoad (cellwlos asetad).

Mae nifer o ddefnyddiau ar gyfer cellwlos ethanoad, er enghraifft, ffibrau tecstilau, tapiau magnetig, haenau tryloyw (seloffen) a fframiau sbectol.

Polyesterau

Fel y polyamidau, mae'r polyesterau yn bolymerau cyddwyso.

Canlyniad Dysgu (c) **Testun 15.3.5 a Chanlyniad Dysgu** (g) **Testun 17.8 Modwl CH4**

Mae'r manylebau yn dangos yn benodol gynhyrchiad y polyester a ffurfir o ethan-1,2-deuol ac asid 1,4-bensendeucarbocsilig. Dylai'r ymgeisydd ddwyn i gof y disgrifiad bras hwn.

Yr uned sy'n ailymddangos yw

Mae presenoldeb y cylchoedd bensen yn yr adeiledd yn gwneud yr adeiledd cadwynol yn weddol anhyblyg, a dyna pam mae tecstilau a wneir o ffibrau polyester yn wrthblyg.

Caiff y polymer solet ei doddi a'i allwthio trwy nyddolynnau i gynhyrchu ffibrau.

Gellir gwehyddu tecstilau polyester gyda 100% polyester neu gymysgedd o ffibrau polyester a ffibrau naturiol. Gelwir polyester a chotwm yn "bolycotwm" ac fe'i defnyddir i wneud crysau, cynfasau ayb. Fel rheol, cynhwysir rhwng 65% a 30% o bolyester.

Mae polymer yn ynysydd da a defnyddir llenwad polyester mewn duvets ac anoracau. Defnyddir llenwad polyester mewn clustogau sy'n addas ar gyfer y rhai sy'n dioddef adwaith alergaidd i lenwadau naturiol fel plu.

Mae ei gryfder tynnol mawr yn gwneud polyester yn addas ar gyfer y cortynnau mewn teiars ceir. Cynhyrchir haenau polyester hefyd, sy'n defnyddio tua un rhan o saith o'r holl bolyester a gynhyrchir.

Cyfansoddion halogen

(Testun 20.2 a Thestun 14)

Mae cyfansoddion halogen anorganig yn bwysig dros ben. Sodiwm clorid yw'r defnydd crai ar gyfer cynhyrchu clorin ei hun ar raddfa eang ac ar gyfer sodiwm hydrocsid a sodiwm carbonad. Gellir gweld pa mor bwysig yw sodiwm clorid fel defnydd crai trwy edrych ar y cynllun isod.

(Canlyniad Dysgu (dd) **Testun 20.2.4)**

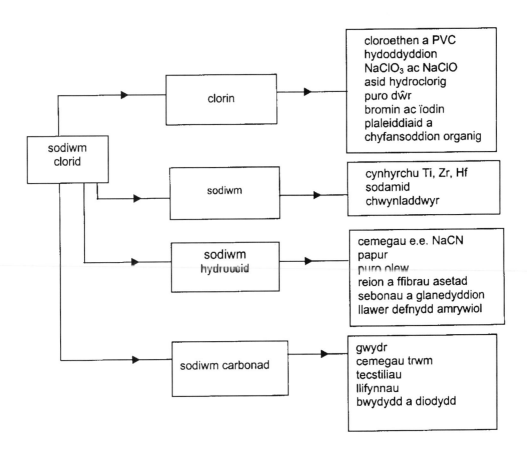

Efallai y bydd myfyrwyr eisoes yn gwybod am adwaith nwy clorin â sodiwm hydrocsid dyfrllyd gwanedig oer gynhyrchu sodiwm clorad(I) ac am ei ddefnydd fel germladdwr a hylif cannu. Mae adwaith clorin â sodiwm hydrocsid dyfrllyd crynodedig poeth yn cynhyrchu sodiwm clorad(V), a ddefnyddir fel chwynladdwr. **(Testun 20.2)**

$$6NaOH(d) + 3Cl_2(n) \rightarrow NaClO_3(d) + 5NaCl(d) + 3H_2O(h)$$

Crybwyllir cyfansoddion halogen organig yn rhywle arall yn y manylebau ac maent yn syrthio i nifer o gategorïau.

- Polymerau. Mae poly(cloroethen) yn bolymer pwysig.

- Defnyddir hydoddyddion sy'n cynnwys clorin yn eang er eu bod yn wenwynig a bod yn rhaid eu trin gyda gofal. Mae rhai o'r hydoddyddion hyn wedi lladd wrth gael eu camddefnyddio. **(Testun 14.4)** Hydoddyddion nodweddiadol yw tetracloromethan (carbon tetraclorid) ac 1,1,1-tricloroethan.

- Mae cyfansoddion fel 1,2-deubromoethan wedi cael eu defnyddio mewn petrol plwm er mwyn dileu'r plwm ar ffurf cyfansoddion bromin plwm anweddol yn y nwyon gwacáu.

- Dylai myfyrwyr Cemeg Safon Uwch wybod am ddefnydd CFCau fel rhewyddion ac aerosolau a'u heffaith ar yr haen oson. **(Testun 14.4.)** Mae cemegwyr wedi ceisio cynhyrchu cyfansoddion amgen llai niweidiol, rhai ohonynt yn seiliedig ar hydrocarbonau, ond gall y rhain achosi eu problemau eu hunain.

Cyfansoddion organig sy'n cynnwys nitrogen
(Testun 16)

Proteinau a pholypeptidau
(Testun 16.1.4 i 16.1.6)
Bydd ymgeiswyr yn gwybod fformiwla gyffredinol asidau α-amino, eu hadeiledd a'u priodweddau amffoterig.

Dylai ymgeiswyr wybod mai asidau α-amino yw blociau adeiladu proteinau, sy'n foleciwlau polymerig naturiol mawr. Yn y corff dynol caiff proteinau eu ffurfio o ugain asid α-amino. Gelwir rhai o'r asidau hyn yn asidau amino *hanfodol*. Ceir yr asidau amino hanfodol trwy'r diet, tra gellir syntheseiddio'r asidau amino dianghenraid trwy brosesau biocemegol o fewn y corff. Ceir yr asidau amino hanfodol trwy fwyta protein o anifeiliaid neu lysiau a hydrolysir gan y system dreulio gan gynhyrchu'r asidau amino unigol y gellir syntheseiddio protein newydd ohonynt. Os nad oes digon o brotein yn y diet gellir cael diffyg asidau amino hanfodol.

Gellir cynrychioli pob asid α-amino (heblaw prolin) â'r fformiwla gyffredinol:

$$H-\underset{\underset{NH_2}{|}}{\overset{\overset{R}{|}}{C}}-COOH$$

lle mae **R** yn cynrychioli grŵp o atomau neu grŵp gweithredol.

Yr asid α-amino symlaf yw glycin (asid 2-aminoethanoig) lle mae **R** yn atom hydrogen. Heblaw glycin, mae pob asid α-amino arall yn weithredol yn optegol gan fod pob moleciwl yn cynnwys atom carbon anghymesur. Golyga hyn hefyd fod proteinau yn weithredol yn optegol a phob asid amino a ddefnyddir i syntheseiddio protein yn y corff dynol yn weithredol yn optegol i'r un cyfeiriad. Fel y rhan fwyaf o brosesau biocemegol mae synthesis proteinau yn stereosbesiffig.

Mewn proteinau, mae llawer o asidau α-amino yn cyfuno gan ffurfio moleciwl gyda chadwyn hir lle cysylltir yr unedau asid amino gan gysylltau peptid (amid).

rhan o gadwyn protein

cysylltau peptid

Gall **R** fod yr un ystlysgadwyn neu gall gynrychioli ystlysgadwynau gwahanol.

Ym mhob protein, mae'r unedau yn cael eu cysylltu gan y cyswllt peptid -CONH- sy'n gyswllt amid. Gellir hydrolysu cysylltau o'r fath gan asidau neu alcalïau (ac yn y corff gan ensymau).

Mae masau molar proteinau yn uchel iawn. Mae màs molar albwmen wyau tua 40 000 g môl^{-1}. Gall proteinau eraill fod â masau molar llawer uwch na hyn.

Mae polypeptidau yn foleciwlau protein bach a gellir eu hystyried fel deilliadau proteinau a geir trwy hydrolysis. Mae rhai polypeptidau yn bwysig dros ben fel hormonau yn y corff dynol. Ocsitosin yw'r hormon a gynhyrchir gan y chwarren bitwidol ac sy'n gyfrifol am chwyddo'r groth wrth eni plentyn ac am ysgogi'r chwarennau llaeth.

Mae inswlin, yr hormon sy'n gyfrifol am reoli siwgr yn y gwaed, hefyd yn foleciwl sy'n cynnwys dwy gadwyn polypeptid. Gan fod proteinau a pholypeptidau yn cael eu hydrolysu trwy dreuliad, mae pobl ddiabetig na all gynhyrchu inswlin yn y pancreas yn gorfod chwistrellu inswlin i'r gwaed ni allant gymryd y cyffur trwy'r geg.

Effeithir ar broteinau gan wres. Wrth gael ei wresogi mae protein yn 'dadnatureiddio'. Gwelir hyn fel rheol gan fod defnydd protein anhydawdd yn cael ei ffurfio.

Mae llawer o'r ystlysgadwynau a gynrychiolir gan **R** uchod yn cynnwys elfennau electronegatif ac felly gall bondio hydrogen ddigwydd rhwng y grwpiau ar unedau asid amino gwahanol yn y gadwyn. Ceir rhyngweithrediadau deupolar hefyd rhwng bondiau cofalent polar. Gall presenoldeb mwy nag un asid amino cystein mewn moleciwl protein arwain at ffurfio cyswllt deusylffid (-S-S-) ar draws y gadwyn foleciwlaidd. Golyga hyn fod moleciwlau protein yn ffurfio siapiau arbennig oherwydd bondio mewnfoleciwlaidd o fewn y moleciwl protein.

Model pêl a ffon o ocsitosin.
(gweler y dudalen flaenorol)

Sylwer bod y cysylltedd -S-S-, a nodir gan gylch, yn cynhyrchu siâp sefydlog y moleciwl.

Dyma'r cysylltedd rhwng dwy uned cystein.

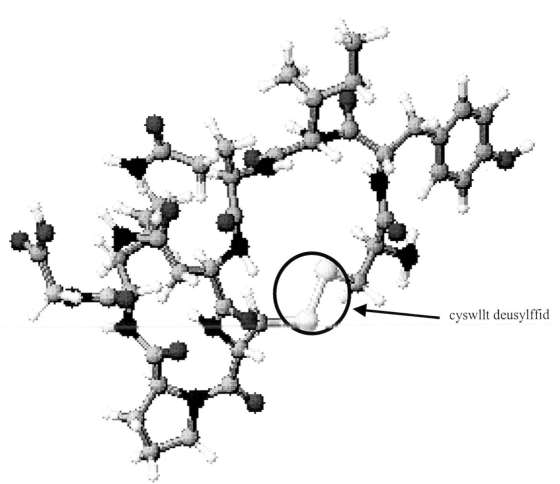

cyswllt deusylffid

Mae siapiau moleciwlau proteinau a pheptidau yn bwysig. Mae ensymau yn broteinau a siâp y safle gweithredol yn yr ensym sy'n ei alluogi i gatalyddu adweithiau'r swbstrad.

Rhestr o rai asidau α-amino. Nodir asidau hanfodol yn (H)			
Enw'r asid	**Y grŵp R**	**Enw'r asid**	**Y grŵp R**
alanin	$-CH_3$	lysin (H)	$-(CH_2)_4-NH_2$
arginin	$-(CH_2)_3-NH-\underset{\parallel}{\underset{NH}{C}}-NH_2$	methionin (H)	$-(CH_2)_2-S-CH_3$
asbaragin	$-CH_2-\underset{\parallel}{\underset{O}{C}}-NH_2$	ffenylalanin (H)	$-CH_2-\bigcirc$
asid asbartig	$-CH_2-\underset{\parallel}{\underset{O}{C}}-OH$	prolin (moleciwl cyfan)	H_2C-NH, H_2C CH, CH_2 $COOH$
cystein	$-CH_2-SH$	serin	$-CH_2-OH$
asid glwtamig	$-(CH_2)_2-COOH$	threonin (H)	$-CH(OH)-CH_3$
glwtamin	$-(CH_2)_2-\underset{\parallel}{\underset{O}{C}}-NH_2$	tryptoffan (H)	$-CH_2-CH=\overset{}{C}$ ... (indol ring)
glysin	$-H$	tyrosin	$-CH_2-\bigcirc-OH$
histidin (H)	$-CH_2-C=CH$ (imidazol ring with N, N-H, CH)	falin (H)	$-CH(CH_3)_2$
isoleusin (H)	$-CH(CH_3)-CH_2-CH_3$		
leusin (H)	$-CH_2CH(CH_3)_2$		

Yn y corff, caiff proteinau eu syntheseiddio yn ôl y côd genetig yn DNA y celloedd. Mae gan broteinau sawl swyddogaeth yn y corff. Gallant fod yn ddefnyddiau adeileddol (colagen a cheratin) neu'n sylweddau cyfangol yn y cyhyrau (myosin) ac mae proteinau eraill yn cyflawni swyddogaethau metabolig fel ensymau.

Polyamidau

Canlyniad Dysgu (b) **Testun 16.2.1, Modwl CH4**

Cyflwynwyd neilon neu, i fod yn fanwl gywir, Neilon 6.6, yn fasnachol ym 1938 ar ôl bron i ddeng mlynedd o waith gan y dyn a'i darganfu, Wallace Carothers. Pan ddaeth yr Ail Ryfel Byd, gwelwyd cynnydd enfawr yn y neilon a gynhyrchid gan fod galw mawr amdano i'w ddefnyddio yn lle sidan mewn parasiwtiau. Roed hefyd yn cael ei ddefnyddio'n helaeth ar ffurf edau ysgafn i wneud hosanau menywod (y neilons).

Y defnyddiau crai ar gyfer cynhyrchu Neilon 6.6 yw asid hecsandeuoig ac 1,6-deuaminohecsan. Yn y labordy mae'r tric Rhaff Neilon cyfarwydd yn defnyddio asid clorid asid hecsandeuoig mewn hydoddydd organig ac 1,6 deuaminohecsan mewn hydoddiant dyfrllyd, gyda neilon yn cael ei ffurfio ar y rhyngwyneb rhwng y ddau wyneb hylifol.

Synthesis o'r asid

$$n\left[HOOC-(CH_2)_4-COOH\right] + n\left[H_2N-(CH_2)_6-NH_2\right]$$

$$\longrightarrow \left[-\overset{\overset{O}{\|}}{C}-(CH_2)_4-\overset{\overset{O}{\|}}{C}-\underset{H}{N}-(CH_2)_6-\underset{H}{N}-\right]_n + 2nH_2O$$

Synthesis neilon o'r asid clorid

$$n\left[ClOC-(CH_2)_4-COCl\right] + n\left[H_2N-(CH_2)_6-NH_2\right]$$

$$\longrightarrow \left[-\overset{\overset{O}{\|}}{C}-(CH_2)_4-\overset{\overset{O}{\|}}{C}-\underset{H}{N}-(CH_2)_6-\underset{H}{N}-\right]_n + 2nHCl$$

Sylwer y daw'r term Neilon 6.6 oherwydd bod chwe atom carbon ym mhob un o'r monomerau sy'n cymryd rhan yn y polymeriad.

Mae neilon 6.6 yn enghraifft o bolyamid. Sylwer mai'r cyswllt rhwng yr unedau yn y gadwyn yw'r cyswllt peptid (amid), yr un fath â'r un yn y proteinau. Gan fod moleciwl syml (sef dŵr a hydrogen clorid) yn cael ei ddileu yn y polymeriad, adweithiau cyddwyso yw'r rhain a **pholymerau cyddwyso** yw'r polyamidau.

Mae Neilonau eraill yn hysbys.

Dangosir isod un dull ar gyfer cynhyrchu Neilon 6.6.

Ffordd o gael asid hecsandeuoig ac 1,6-deuaminohecsan ar gyfer cynhyrchu Neilon-6,6

Mae Neilon 6.6 yn gryf ac yn elastig, ac mae ganddo gyfernod ffrithiant isel. Yn ogystal â bod yn addas i'w wehyddu yn edau ar gyfer ei ddefnyddio mewn tecstilau, mae ffilament neilon solet ar gael (e.e. mewn leiniau pysgota). Gan fod ganddo gyfernod ffrithiant isel ac oherwydd ei fod yn gwisgo yn dda, fe'i defnyddir weithiau ar gyfer rhannau symudol fel olwynion gêr mewn unedau trydanol a mecanyddol bychain.

Wrth archwilio adeiledd Neilon 6.6 gwelir ei fod yn gyfres o gadwyni hydrocarbon aliffatig wedi'u cysylltu gan y grŵp peptid. Gellir addasu priodweddau'r Neilon trwy newid hyd y gadwyn hydrocarbon.

Mae Neilon 6.10 yn debyg i Neilon 6.6 ond mae'n fwy hyblyg, fel y gellid disgwyl, oherwydd y gadwyn hydrocarbon hwy.

Yr uned sy'n ailymddangos mewn Neilon 6.10 yw

$$\underset{\underset{H}{|}}{-N}-(CH_2)_6-\underset{\underset{H}{|}}{N}-\overset{\overset{O}{\|}}{C}-(CH_2)_8-\overset{\overset{O}{\|}}{C}-$$

Ceir Neilon arall sy'n fwy meddal a gwyn na Neilon 6.6 neu Neilon 6.10, sef Neilon 6. Caiff hwn ei wneud o fonomer unigol, caprolactam.

Cynhyrchu caprolactam

Pan gaiff caprolactam ei bolymeru, yr uned sy'n ailymddangos yw

$$-\overset{\displaystyle}{\underset{\displaystyle H}{N}}-(CH_2)_5-\overset{\displaystyle O}{\overset{\displaystyle \|}{C}}-$$

Mae adeiledd y tri pholyamid a ddangosir yn dangos y tebygrwydd i foleciwlau protein. Y gwahaniaeth yw y rhennir y cysylltau peptid mewn proteinau gan -CHR- tra rhennir y cysylltau peptid mewn polyamidau gan gadwynau hydrocarbon aliffatig -$(CH_2)_n$-.

Mae polyamidau wedi cael eu cynhyrchu yn ddiweddar trwy ddefnyddio cadwynau hydrocarbon aromatig sy'n gwneud y polymer yn anhyblyg ac yn wahanol iawn i'r defnyddiau polyamid traddodiadol sy'n gyfarwydd ac yn cael eu defnyddio bob dydd.

Ymbelydredd

(Testun 1.1)

Bydd myfyrwyr yn gwybod natur a phwerau treiddio yr allyriannau -α, -β a -γ.

Dylai ymgeiswyr allu dwyn i gof enghreifftiau o ymbelydredd, o'u dewis eu hunain, sy'n gysylltiedig â phob un o'r testunau isod.

Ymbelydredd ac iechyd

Mae allyriannau ymbelydrol yn niweidiol. Caiff gweithwyr mewn diwydiannau lle maent yn derbyn ymbelydredd o isotopau ymbelydrol eu monitro yn ofalus i sicrhau nad ydynt yn derbyn mwy o ymbelydredd nag a ganiateir o dan gyfyngiadau a gytunwyd yn rhyngwladol. Mae'r gweithwyr yn gwisgo bathodynnau ffilm neu ddosimedrau i gofnodi'r holl ymbelydredd y maent yn ei dderbyn.

Rydym i gyd yn derbyn ychydig o ymbelydredd o'r ymbelydredd cefndir arferol a geir ym mhob man. Mewn rhai ardaloedd gall yr ymbelydredd cefndir hwn fod yn annerbyniol o uchel. Mewn rhai rhannau o'r wlad gall radon ymbelydrol (a geir wrth i greigiau ymbelydrol ddadfeilio yn naturiol) gronni mewn tai a chredir y gall hyn beryglu iechyd y rhai sy'n byw ynddynt. Rhoddir isod y lefelau o ymbelydredd a dderbynnir gan weithwyr mewn galwedigaethau gwahanol.

Cyfanswm yr ymbelydredd a dderbynnir bob blwyddyn yn y Deyrnas Unedig
(Ffynhonnell : Bwrdd Diogelwch Radiolegol Cenedlaethol 1996)

Grŵp	Ymbelydredd a dderbynnir bob blwyddyn /microsievert*
Aelod cyffredin o'r cyhoedd	2600
Gweithwyr meddygol yn trin ffynonellau ymbelydrol	2700
Glowyr	3200
Gweithwyr cyffredin yn y diwydiant niwclear	3600
Criw awyrennau	4600

* Y sievert yw'r uned o ddos o ymbelydredd, sef yr hyn a deflir allan mewn un awr o bellter o 1 cm o ffynhonnell 1mg o radiwm wedi'i orchuddio mewn platinwm 0.5 mm o drwch.

Mae'n hysbys y gall ymbelydredd achosi mwtaniad y celloedd gan arwain at garsinomata ac at ffurfiau o lewcemia. Gall hyd yn oed cynnydd bychan yn lefel gefndirol yr ymbelydredd gael effaith sylweddol ar y boblogaeth gyfan. Mae hyn oherwydd bod y tebygolrwydd o fwtaniad celloedd yn uwch pan geir sampl mawr o'r boblogaeth. Mae clystyrau o lewcemia mewn plant wedi cael eu cysylltu â phlant tadau sy'n gweithio mewn gorsaf niwclear ond nid yw ymchwiliadau niferus wedi sefydlu yn glir unrhyw gysylltiad rhwng yr ymbelydredd a dderbynnir gan y tadau a datblygiad y clefyd yn y plant. Mae'n ymddangos bod rhywfaint o dystiolaeth y gall nifer yr achosion o lewcemia mewn plant wrth ymyl gorsaf niwclear fod yn gysylltiedig â dyfodiad nifer mawr o weithwyr i gymunedau a oedd gynt yn ynysig. Mae hyn yn achosi bacteria a firysau i draws-heintio, a all yn eu tro achosi lewcemia.

Er bod ymbelydredd a geir o radioisotopau yn niweidiol i iechyd, ar yr un pryd darganfuwyd llawer ffordd fuddiol o ddefnyddio ymbelydredd mewn meddygaeth.

Defnyddir **radiotherapi** ar raddfa eang ar gyfer trin rhai mathau o ganser. Mewn radiotherapi mae egni uchel ymbelydredd γ yn cael ei ddefnyddio i ladd celloedd canser a rhwystro'r tyfiant malaen rhag datblygu. Er y gall hyn fod yn llwyddiannus, ceir sgil-effeithiau annifyr yn aml fel cyfog a cholli gwallt. Un isotop o'r fath sydd wedi'i ddefnyddio yw cobalt-60.

Mae ïodin ymbelydrol, ^{131}I, yn allyrrydd β sydd â hanner oes o 8 diwrnod ac fe'i defnyddiwyd i astudio mewnlifiad ïodin mewn chwarennau thyroid diffygiol. Yn yr achos hwn mae'r isotop ymbelydrol yn cael ei ddefnyddio fel **olinydd** neu **label**. Mae'r dechneg hon o ddefnyddio elfen ymbelydrol wedi'i chymysgu â'r elfen gyffredin yn dechneg ddefnyddiol iawn. Oherwydd bod gan y ddwy ffurf ar yr elfen yr un priodweddau cemegol, dim ond ychydig o'r label ymbelydrol sydd ei angen. Mae'n ddiddorol nodi bod yr un ïodin ymbelydrol yn cael ei ffurfio mewn atomfeydd a'i fod yn bresennol mewn gweddillion tanwydd niwclear. Gan fod hanner oes ^{131}I yn gymharol fyr, sef 8 diwrnod, mae'r rhodenni o weddillion tanwydd yn cael eu cadw o dan ddŵr am tua 150 diwrnod er mwyn sicrhau bod y rhan fwyaf o'r isotop yn dadfeilio. Pe bai damwain yn digwydd mewn gorsaf niwclear neu ffatri ailbrosesu tanwydd niwclear mae'r cynlluniau argyfwng yn cynnwys rhoi tabledi potasiwm ïodid i'r bobl leol. Os cymerir potasiwm ïodid cyffredin, bydd y gormodedd o ïodin cyffredin yn boddi'r isotop ymbelydrol a amsugnwyd, a bydd y rhan fwyaf ohono yn cael ei ysgarthu. Felly trwy gymryd tabledi potasiwm ïodid, mae modd sicrhau na fydd llawer o ïodin ymbelydrol yn mynd i mewn i'r chwarren thyroid.

Dyddio ymbelydrol

Y dechneg fwyaf adnabyddus yw dyddio **carbon ymbelydrol**.

Mae carbon cyffredin yn cynnwys 98.9% o ^{12}C ac 1.1% o ^{13}C gyda dim ond ychydig bach o'r allyrrydd β, sef ^{14}C.

$$^{14}C \rightarrow {}^{14}N + \beta^-$$

Caiff ^{14}C ei ffurfio yn yr atmosffer uchaf gan ymbelydredd cosmig lle mae niwtronau yn peledu atomau nitrogen gan gynhyrchu ^{14}C sydd wedyn yn mynd i mewn i'r cylch carbon. Mae pob organeb byw yn amsugno ^{14}C ac mae maint y carbon 14 ym mhob gram o garbon mewn organebau byw yn gyson, sef tua 15.3 cyfrif mun^{-1} (g o garbon)$^{-1}$. Pan fo organeb farw, nid yw'n amsugno ^{14}C mwyach ac mae'r ymbelydredd a allyrrir gan yr isotop yn dadfeilio.

Hanner oes ^{14}C yw 5730 mlynedd. Trwy fesur yr ymbelydredd carbon 14 am bob gram o garbon mewn arteffact archaeolegol â tharddiad anifeilaidd neu lysieuol, ceir amcangyfrif o'r amser a aeth heibio ers i'r organeb farw. Gelwir hyn yn **ddyddio carbon**.

Defnyddir technegau dyddio ymbelydrol eraill i ddarganfod oes creigiau. Mewn un dull, mesurir cymhareb ^{40}K i ^{40}Ar mewn craig. Hanner oes potasiwm 40 yw 1300 miliwn o flynyddoedd ac felly mae hyd yr hanner oes yn addas ar gyfer dyddio daearegol. Sail y dull hwn yw'r ffaith y gall ^{40}K newid yn ^{40}Ar wrth i'r niwclews ennill un o'r electronau sy'n ei amgylchynu (daliad-K). Felly, a bwrw bod yr holl argon 40 sy'n bresennol yn y sampl o'r graig wedi dod o botasiwm 40 a fu yno ers i'r graig fod yno'n wreiddiol, ac o wybod hanner oes potasiwm 40, gellir amcangyfrif oes ddaearegol y graig.

Dadansoddi

Mae isotopau ymbelydrol wedi cael eu defnyddio mewn sawl dull dadansoddol. Gelwir un dull yn **ddadansoddiad gwanediad**. Mae'n ddefnyddiol pan ellir arunigo cydran o gymysgedd cymhleth allan o'r cymysgedd fel sampl pur ond na ellir ei hechdynnu yn feintiol. Caiff màs hysbys o sampl o'r cyfansoddyn a labelwyd yn ymbelydrol ei ychwanegu at y cymysgedd ac wedyn echdynnir y cyfansoddyn fel sampl pur. Trwy fesur ymbelydredd y sampl a echdynnwyd a chyfrifo ffactor gwanedu'r sampl gwreiddiol a labelwyd, gellir canfod màs y cyfansoddyn yn y cymysgedd gwreiddiol.

Defnyddiau eraill ar gyfer radioisotopau

Mae defnyddiau eraill ar gyfer labelu ymbelydrol yn cynnwys canfod adeileddau a mecanweithiau adwaith.

Pan drinnir ïonau sylffit, SO_3^{2-}, â sylffwr a labelwyd gyda ^{35}S ymbelydrol mewn hydoddiant dyfrllyd, caiff ïonau thiosylffad, $S_2O_3^{2-}$, eu ffurfio.

$$SO_3^{2-} + S \rightarrow S_2O_3^{2-}$$

Pan drinnir yr ïon thiosylffad ag asid wedyn, rhyddheir sylffwr deuocsid sydd heb ymbelydredd.

$$S_2O_3^{2-} + 2H^+ \rightarrow S + SO_2 + H_2O$$

Dengys hyn nad yw'r ddau atom sylffwr yn yr ïon thiosylffad yn gyfatebol.

Mae isotopau ymbelydrol wedi cael eu hychwanegu at y cylchau piston mewn peiriannau ceir er mwyn astudio pa mor effeithiol yw olewau iro. Mae'r gyfradd y mae ymbelydredd yn cynyddu yn yr olew yn gysylltiedig â chyfradd gwisgo'r cylchau piston.

Dim ond rhai enghreifftiau yw'r rhain o blith rhestr gynyddol o gymwysiadau. Dylai myfyrwyr allu cynnig enghreifftiau o'u dewis eu hunain.

Lled-ddargludyddion

Mae metelau yn ddargludyddion trydan arbennig o dda ac mae'r rhan fwyaf o anfetelau yn ddargludyddion trydan arbennig o wael. Rhwng y ddau begwn hyn y mae rhai elfennau a elwir yn lled-ddargludyddion. Mae'r elfennau yng nghanol Grŵp IV (**Testun 20.1.1**) yn gorwedd rhwng carbon, sy'n anfetel nodweddiadol, a thun a phlwm, sy'n fetelau nodweddiadol. Mae germaniwm a silicon yn bwysig dros ben. Defnyddiwyd germaniwm yn y transistorau cyntaf a ddisodlodd falfiau mewn cylchedau electronig a silicon yw'r elfen sy'n ffurfio sail technoleg gyfrifiadurol fodern.

Er mwyn cynhyrchu sglodion silicon, mae'n rhaid cael y silicon mewn cyflwr pur dros ben. Gelwir y dechneg ar gyfer puro silicon yn "goethi cylchfaol". Mewn coethi cylchfaol, mae grisialau o silicon sy'n 'bur yn gemegol' (h.y. dim ond meintiau bychain iawn o amhureddau sydd yn y silicon) yn cael eu symud o'u cymharu ag ardal benodol a wresogir gan drydan, ac yn toddi'r silicon gan alluogi unrhyw amhureddau i ymgasglu yn y parth tawdd. Fel hyn, mae'r amhureddau yn cael eu tynnu o'r silicon wrth i'r ardal dawdd symud trwy'r sylwedd. Unwaith y ceir silicon pur, ychwanegir elfennau eraill mewn meintiau bychain iawn a fesurir yn ofalus mewn proses a elwir yn "amhureddu". Mae ychwanegu sylweddau "amhureddu" a ffurfio transistorau lled-ddargludol y tu hwnt i'r maes llafur Cemeg Safon Uwch.

Adran 2

Egnïeg
(Testunau 6 a 24.1)

Gellir ystyried y mesuriad thermodynamig **newid enthalpi**, ΔH, fel maint y gwres a ryddheir neu a amsugnir ar **wasgedd cyson** pan fydd newid cemegol neu ffisegol yn digwydd. Mae thermodynameg yn ymwneud â sylwedd neu grŵp o sylweddau o dan amodau penodol arbennig, a elwir *y system*. Os bydd y system yn newid ac yn colli gwres i'r amgylchedd o'i chwmpas, yna dywedir bod y newid yn **ecsothermig** a bod arwydd ΔH yn **negatif**. Ar y llaw arall, os yw'r system yn ennill gwres o'r amgylchedd o'i chwmpas, dywedir bod y newid yn **endothermig** ac mae ΔH yn **bositif**. Nid yw enthalpïau absoliwt yn hysbys ac felly defnyddir newidiadau enthalpi yn unig. Yn gonfensiynol, dywedir bod newidiadau enthalpi ffurfiant yr elfennau yn eu ffurf fwyaf sefydlog ar dymheredd 298K a gwasgedd 101.3 kPa yn sero. Golyga hyn bod newidiadau enthalpi yn cael eu mesur mewn perthynas ag elfennau yn eu ffurfiau mwyaf sefydlog ar 298K a 101.3 kPa.

Gelwir y newid enthalpi pan ffurfir un môl o gyfansoddyn o'i elfennau ansoddol o dan amodau safonol yn **newid enthalpi ffurfiant safonol,** $\Delta H_f^{\ominus}$ neu mewn rhai testunau yn $\Delta_f H^{\ominus}$ (298 K).

Mae **Canlyniad Dysgu** (e) **Testun 6, Modwl CH2** yn nodi y dylai ymgeiswyr fod yn ymwybodol o'r ffaith y gellir defnyddio ecsothermigedd neu endothermigedd $\Delta H_f^{\ominus}$ fel dangosydd ansoddol o sefydlogrwydd cyfansoddyn.

Fel y nodwyd uchod, pan fo system yn colli egni mae newid ecsothermig wedi digwydd ac mae lefel egni'r system newydd yn is nag oedd cyn y newid.

Mae'n ymddangos y gellir nodi'n hollol resymegol fod prosesau ecsothermig yn debygol o arwain at systemau mwy sefydlog.

Felly pan fo $\Delta H_f^\ominus$ yn negatif, bydd y cyfansoddyn yn fwy sefydlog na'r elfennau sy'n ei ffurfio.

Gyda chyfansoddion lle mae $\Delta H_f^\ominus$ yn bositif, mae'r gwrthwyneb yn wir.

Canllaw fras yw hon. Mae'n rhaid ateb y cwestiwn - pam mae newidiadau endothermig yn digwydd o gwbl? Mae'r system a geir o ganlyniad i newid endothermig ar lefel egni uwch na'r system cyn y newid.

Rhaid bod yna ffactor arall, sy'n penderfynu a yw proses endothermig yn ddichonadwy. **Er nad yw hyn yn y manylebau Safon Uwch, efallai y bydd o ddiddordeb darllen yr isod.**

Nid y newid mewn enthalpi, ΔH, sy'n penderfynu a yw newid yn ddichonadwy, ond y **newid mewn egni rhydd**, ΔG.

Os yw ΔG yn negatif, yna mae newid yn ddichonadwy. (*Dylid pwysleisio mai'r unig beth y mae thermodynameg yn ei ystyried yw a yw adwaith yn ddichonadwy ai peidio; nid yw'n rhoi unrhyw wybodaeth am gineteg adwaith. Mae llawer o adweithiau sy'n ddichonadwy o ran newid egni ond nad ydynt yn digwydd o dan amodau arferol oherwydd bod yr egni actifadu ar gyfer adwaith yn rhy uchel i'r adwaith ddigwydd.*)

At hynny, mae'r newid mewn egni rhydd yn gysylltiedig, nid yn unig â ΔH, sef y newid enthalpi, ond hefyd â'r tymheredd a'r newid mewn mesuriad arall o'r enw **entropi**, S.

Mae entropi yn gysylltiedig ag anhrefn system. Mewn sodiwm clorid solet mae'r ïonau mewn trefn drefnedig yn y ddellten grisialog ond mewn sodiwm clorid tawdd mae'r ïonau yn llai trefnedig o lawer gan eu bod yn rhydd i symud yn y cyflwr hylifol. Mae gan sodiwm clorid tawdd entropi mwy nag sydd gan sodiwm clorid solet.

Y berthynas rhwng ΔH, ΔG a ΔS yw

$$\Delta G = \Delta H - T\Delta S$$ lle mae T yn cynrychioli'r tymheredd mewn celfin.

Fel y nodwyd uchod, os yw adwaith am fod yn ddichonadwy, mae'n rhaid i ΔG fod yn negatif.

Gellir rhestru'r cyfuniadau, felly, a fydd yn dangos a yw gwerth ΔG yn negatif neu bositif.

ΔH	ΔS	ΔG	Dichonoldeb yr adwaith
negatif	positif	negatif	**Mae'r adwaith bob tro yn ddichonadwy**
negatif	negatif	Negatif neu bositif gan ddibynnu ar faint TΔS	Gall yr adwaith fod yn ddichonadwy neu yn annichonadwy
positif	positif	Negatif neu bositif gan ddibynnu ar faint TΔS	Gall yr adwaith fod yn ddichonadwy neu yn annichonadwy
positif	negatif	positif	**Nid yw'r adwaith byth yn ddichonadwy**

Ecwilibria dyfrllyd

Mae **Canlyniad Dysgu** (dd) **Testun 9, Modwl CH2** yn mynnu bod yr ymgeisydd yn gwerthfawrogi buddioldeb y raddfa pH.

Mewn llawer o gemeg dyfrllyd mae crynodiad yr ïonau hydrogen dyfrllyd yn gorwedd rhwng 1×10^{-1} môl dm^{-3} ac 1×10^{-13} môl dm^{-3}. Mae crynodiadau bychain iawn o'r fath yn rhifau anghyfleus i'w trin mewn bywyd beunyddiol.

Awgrymodd S.P.L.Sørensen yn gynnar yn yr ugeinfed ganrif y byddai graddfa pH yn fwy defnyddiol ac yn haws i'w thrin.

Ar y raddfa hon, diffinnir gwerth pH fel pH = $-\log_{10}$[H$^+$(d)]/môl dm^{-3} *

Mynegir hwn yn arferol fel pH = $-\log_{10}$[H$^+$(d)]

Felly pH hydoddiant dyfrllyd sy'n cynnwys 0.10 môl dm^{-3} o ïonau hydrogen yw 1.0

{* Gallwch ond cymryd logarithm rhif ac felly mae'n rhaid i'r gwerth [H$^+$(d)] gael ei rannu â'i unedau.}

Gellir cynrychioli yr ecwilibriwm ïonig ar gyfer dŵr fel hyn:

$$H_2O(h) \rightleftharpoons H^+(d) + OH^-(d)$$

Trwy gymhwyso'r ddeddf ecwilibriwm a bwrw bod crynodiad dŵr yn gyson i bob pwrpas, gwelir bod $[H^+(d)] \times [OH^-(d)]$ yn gyson ar dymheredd a roddir. (Fel pob cysonyn ecwilibriwm mae'r gwerth yn amrywio gyda'r tymheredd).

Gelwir y cysonyn hwn yn *lluoswm ïonig dŵr*.

Rhoddir iddo'r symbol $K_{dŵr}$.

Ar 298 K mae gwerth y cysonyn, $K_{dŵr}$, bron yn union yn 1.0×10^{-14} môl^{2}dm^{-6}.

Mewn dŵr pur $[H^+(d)] = [OH^-(d)]$

h.y. ar 298 K $[H^+(d)] = [OH^-(d)] = 10^{-7}$ môl dm^{-3}

ac felly ar 298 K, gwerth pH dŵr pur yw 7.

Mae gwerth $K_{dŵr}$ yn amrywio gyda'r tymheredd ac ar dymereddau heblaw 298 K nid yw gwerth pH dŵr pur yn 7.

Ar 323 K, gwerth $K_{dŵr}$ yw 5.476×10^{-14} môl^{2}dm^{-6}

Felly pH dŵr pur ar 323 K yw 6.63.

Mewn niwtraliad, yr adwaith sylfaenol yw cyfuniad ïon hydrogen dyfrllyd ag ïon hydrocsid dyfrllyd gan ffurfio dŵr. (**Canlyniad Dysgu** (ff) **Testun 9**)

$$H^+(d) + OH^-(d) \rightarrow H_2O(h)$$

Dyma pam mae newid enthalpi molar niwtraliad asid **cryf** gan fas **cryf** bron yn gyson beth bynnag yw'r pâr asid/alcali.

Adweithiau rhydocs

Mae **Canlyniad Dysgu** (dd) **Testun 18, Modwl CH5** yn nodi y dylai'r ymgeisydd werthfawrogi'r ystod, neu amrediad, eang iawn o brosesu rhydocs sy'n digwydd mewn cemeg.

Pryd bynnag mae electronau yn cael eu trosglwyddo o'r naill rywogaeth i'r llall, neu pryd bynnag y ceir newid mewn cyflwr ocsidiad, mae ocsidio a rhydwytho wedi digwydd.

Dylid edrych ar yr holl adweithiau a astudir trwy gydol y cwrs i weld a ydynt yn adweithiau rhydocs.

Mae angen gwahaniaethu'n glir rhwng adweithiau rhydocs ac adweithiau asid/bas. Yn nhermau damcaniaeth Brønsted-Lowry caiff **protonau eu trosglwyddo** mewn adweithiau asid/bas tra mewn adweithiau rhydocs caiff **electronau eu trosglwyddo (neu ceir newid mewn cyflwr Ocsidiad)**.

Mae $Cr_2O_7^{2-} + 14H^+ + 6Fe^{2+} \rightarrow 2Cr^{3+} + 7H_2O + 6Fe^{3+}$ **yn adwaith rhydocs**

Mae $2CrO_4^{2-} + 2H^+ \rightarrow Cr_2O_7^{2-} + H_2O$ **yn adwaith asid/bas**

Mae'n rhaid i fyfyrwyr allu adeiladu hafaliadau cyfan cytbwys o hanner hafaliadau ïon/electron ar gyfer adweithiau cyfarwydd ac anghyfarwydd.

Dylai ymgeiswyr sylweddoli bod adweithiau cyffredin, fel haearn a dur yn rhydu neu ddiogelu dur yn aberthol trwy alfanu, yn adweithiau rhydocs yn y bôn. Mae elfennau trosiannol mewn rhai systemau biolegol yn cymryd rhan mewn adweithiau rhydocs.

Cemeg gineteg

Canlyniad Dysgu (ff) Testun 10, Modwl CH2

Mae'n rhaid i ymgeiswyr fod yn ymwybodol o'r gwahaniaeth rhwng beth y gellir ei ddiddwytho o ddata ar ecwilibria a beth y gellir ei ddiddwytho o ddata cinetig.

Gellir rhagfynegi dichonoldeb adwaith cemegol o'r data sy'n ymwneud ag ecwilibria. Gall gwerthoedd cysonion ecwilibriwm, data ar botensialau electrod a newidiadau egni rhydd i gyd ragfynegi bod newid cemegol yn ddichonadwy yn thermodynamig ond ni ellir rhagfynegi cineteg yr adwaith o'r meintiau hyn. Efallai na fydd adweithiau sy'n ddichonadwy yn thermodynamig yn digwydd i unrhyw raddau y gellir eu canfod oherwydd bod yr egni actifadu ar gyfer yr adwaith yn uchel iawn. Ceir data cinetig trwy arbrawf bob amser.

Mewn prosesau diwydiannol mae'r cyfraddau y mae adweithiau cemegol yn digwydd yn bwysig iawn. Yn anaml y gadewir i adweithiau ddod i ecwilibriwm mewn prosesau diwydiannol. Fodd bynnag, mewn llawer o brosesau ecsothermig (gweler Proses Gyffwrdd a Phroses Haber) ceir mwy o gynnyrch ar dymereddau isel ond mae'r tymereddau gweithredol a ddefnyddir yn eithaf uchel.

Gelwir y tymereddau gweithredol hyn weithiau yn *dymheredd optimwm* lle gwneir cyfaddawd rhwng cyfradd adwaith dderbyniol a chynnyrch derbyniol.

Canlyniad Dysgu (b) Testun 11.2, Modwl CH2

Er mwyn cael cyfraddau derbyniol mewn prosesau diwydiannol mae catalyddion yn cael eu defnyddio yn eang.

Canlyniad Dysgu (c) Testun 11, Modwl CH2.

Mae catalyddion yn darparu llwybr adwaith amgen gydag egni actifadu is ac felly ar unrhyw dymheredd a roddir mae gan fwy o foleciwlau ddigon o egni i gyflawni gwrthdrawiadau llwyddiannus. Nid yw catalyddion yn effeithio ar y cynnyrch ecwilibriwm. Mae llawer o gatalyddion diwydiannol yn gatalyddion heterogenaidd a ddefnyddir mewn adweithiau cemegol yn y cyflwr nwyol. Rôl y catalydd yw darparu safleoedd adwaith lle gall yr adwaith ddigwydd ar lwybr adwaith gwahanol gydag egni actifadu is. Daw ymgeiswyr ar draws enghreifftiau yn **Nhestun 11** a dylent allu cynnig enghreifftiau o'u dewis eu hunain.

Mae **Canlyniad Dysgu** (ch) **Testun 11, Modwl CH2** yn ymwneud ag ensymau. Dylai ymgeiswyr wybod bod ensymau yn gataryddion biolegol a'u bod yn broteinau (gweler **Testun 16.1.5**). Maent yn darparu llwybrau amgen ar gyfer adweithiau biocemegol gydag egnïon actifadu is, ac yn galluogi'r adweithiau i ddigwydd ar y tymereddau cymharol isel a geir mewn organebau byw. Dylid sylweddoli bod y cataryddion organig hyn yn gweithredu trwy fecanwaith "allwedd a chlo" lle mae gan y swbstrad siâp sy'n ffitio yn safle gweithredol y moleciwl ensym.

Dangosir hyn ar ffurf cynllun isod. Gelwir y moleciwl sy'n adweithio yn swbstrad ac efallai y bydd yn rhaid iddo ddod at yr ensym yn y gyfeiriadaeth gywir er mwyn iddo ffitio yn y safle gweithredol.

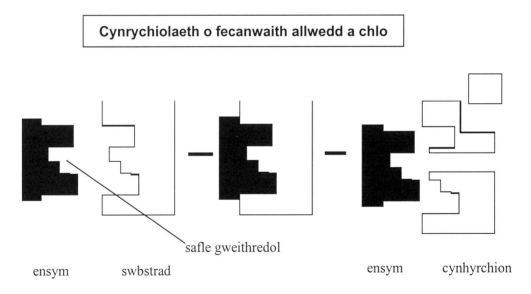

Cynrychiolaeth o fecanwaith allwedd a chlo

safle gweithredol

ensym   swbstrad   ensym   cynhyrchion

Mae safle gweithredol yr ensym yn ffitio i'r swbstrad gan ffurfio rhyng-gyfansoddyn, sydd wedyn yn dadelfennu i'r ensym a'r cynhyrchion. Mae'r mecanwaith yn darparu llwybr adwaith gydag egni actifadu is ac felly mae'r adwaith yn gallu digwydd ar gyfradd gyflymach o lawer. Mae ensymau yn galluogi adweithiau biocemegol i ddigwydd ar dymheredd amgylchol yr organeb.

41

Mae'r rhan fwyaf o ensymau yn benodol iawn ac yn derbyn un moleciwl yn unig ond gall rhai dderbyn amrywiaeth o swbstradau gyda siapiau tebyg. Y bondio o fewn y moleciwl ensym sy'n ffurfio'r safle gweithredol. Weithiau ni ellir cael siâp y safle gweithredol heb gymorth sylwedd arall fel ïon metel trosiannol a elwir yn gydensym. Dyma pam mae nifer o elfennau trosiannol yn elfennau hybrin pwysig.

Adweithiau a gatalyddir gan ensymau a thymheredd

Yn wahanol i adweithiau sydd ddim yn cael eu catalyddu gan ensymau, nid yw cyfradd yr adwaith yn dal i gynyddu gyda thymheredd cynyddol. Gan fod y catalydd yn brotein, ar dymheredd uwch na rhyw dymheredd arbennig, bydd cynnydd pellach yn y tymheredd yn achosi newidiadau parhaol i'r moleciwl protein a bydd yn peidio â gweithredu fel catalydd. Dywedir bod y protein wedi'i "ddadnatureiddio".

Mae pob system byw yn seiliedig ar adweithiau sy'n digwydd trwy adweithiau a gatalyddir gan ensymau. Yn ddiweddar, mae adweithiau ensym wedi cael eu cymhwyso i rai prosesau diwydiannol a'u defnyddio mewn bywyd bob dydd.

Mae'r glanedyddion cartref a elwir yn "fiolegol" yn cynnwys ensymau sy'n helpu i dorri lawr y staeniau a achosir gan broteinau a brasterau. Gan fod yr ensymau eu hunain yn broteinau, maent ar eu mwyaf effeithiol mewn golch tymheredd isel neu gyn-olch, a gellir eu dadnatureiddio a'u gwneud yn dda i ddim os defnyddir golch tymheredd uchel.

Yr adwaith diwydiannol mwyaf cyffredin sy'n seiliedig ar ensymau yw ffurfio ethanol trwy *eplesu* yn y diwydiannau bragu a gwneud gwinoedd a gwirodydd.

Trawsnewidir moleciwlau carbohydrad yn ethanol a charbon deuocsid gan ensymau o'r micro-organeb, *burum*.

Yr adwaith hanfodol yw trawsnewid deusacaridau neu fonosacaridau yn ethanol a charbon deuocsid.

Gall y deusacarid fod yn swcros (siwgr), a ychwanegir mewn bragu cartref, neu yn ddeusacarid a gynhyrchir trwy hydrolysis rhannol polysacarid fel startsh. Wrth eplesu gwin, y carbohydradau yw siwgrau naturiol y grawnwin.

Dyma hafaliadau yn cynrychioli rhai adweithiau a gatalyddir gan ensymau

1. **Hydrolysis startsh**

$$2(C_6H_{10}O_5)_n + nH_2O \rightarrow nC_{12}H_{22}O_{11}$$
$$\text{startsh} \qquad\qquad \text{maltos}$$

Mae'r adwaith hwn yn digwydd pan gaiff startsh o wenith neu haidd ei 'stwnsio' gyda *brag* ar dymheredd o tua 55 ^{0}C. Mae'r brag, sef haidd sydd wedi egino yn rhannol, yn cynnwys yr ensym *diastas*.

2. **Hydrolysis maltos**

$$C_{12}H_{22}O_{11} + H_2O \rightarrow 2C_6H_{12}O_6$$
$$\text{maltos} \qquad\qquad \text{glwcos}$$

Mae'r adwaith hwn yn digwydd tua 35 ^{0}C pan fydd yr ensym *maltas*, a geir o furum a ychwanegwyd, yn catalyddu'r hydrolysis.

3. **Trawsnewid glwcos yn ethanol**

$$C_6H_{12}O_6 \rightarrow 2C_2H_5OH + 2CO_2$$

Mae'r ensym *symas* o'r burum yn cynhyrchu ethanol o dan amodau anaerobig.

Ar wahân i'w ddefnydd mewn diodydd alcoholig, gellir defnyddio ethanol hefyd fel tanwydd. **Canlyniad Dysgu (e) Testun 15, Modwl CH4.** Ym Mrasil, gwlad nad oes ganddi fawr o olew, caiff ethanol ei gynhyrchu trwy eplesu triagl ac yna ei ddefnyddio fel rhan o danwydd cymysg ar gyfer moduron.

Gan fod y gansen siwgr sy'n cynhyrchu'r defnydd wedi'i eplesu yn adnewyddadwy, nid yw ffynonellau egni anadnewyddadwy yn cael eu disbyddu. Hefyd, nid oes ar y gansen siwgr lawer o angen gwrteithiau nitrogenaidd. Bydd y carbon deuocsid a gynhyrchir wrth eplesu a hylosgi'r ethanol yn cael ei defnyddio mewn ffotosynthesis wrth i ragor o lystyfiant gael ei gynhyrchu.

Roedd yr ychwanegiad hwn at gyflenwad tanwydd Brasil yn fuddiol iawn ar adegau pan oedd prisiau olew y byd yn uchel. Pan fo prisiau olew y byd yn isel mae'r opsiwn yn llai deniadol er y gellir defnyddio'r ethanol a gynhyrchir fel hyn fel defnydd crai cemegol.

Yn yr Unol Daleithiau cynhyrchir ethanol trwy eplesu startsh a geir o ormodedd o India corn.

Dulliau arbrofol o astudio cineteg cemegol

Yr unig ffordd o ganfod hafaliadau cyfradd yw trwy arbrawf. **Ni ellir eu diddwytho** o stoichiometreg adwaith. **Canlyniad Dysgu** (ch)(ii) **Testun 23, Modwl CH5**

Yn gyffredinol, er mwyn astudio cyfradd adwaith, mae angen canfod rhyw faint mesuradwy sy'n amrywio gydag amser.

Mae nifer o ddulliau gwahanol ar gael. **Canlyniad Dysgu** (a) **Testun 23, Modwl CH5**

- Dull y 'cloc' ïodin.

Mae'r dull hwn yn ddefnyddiol ar gyfer adweithiau lle cynhyrchir ïodin, er enghraifft

(a) yr adwaith rhwng ïonau ïodid a hydrogen perocsid dyfrllyd asidiedig;

$$H_2O_2(d) + 2H^+(d) + 2I^-(d) \rightarrow I_2(d) + 2H_2O(h)$$

(b) yr adwaith rhwng ïonau perocsodeusylffad(VI) ac ïonau ïodid.

$$S_2O_8^{2-}(d) + 2I^-(d) \rightarrow 2SO_4^{2-}(d) + I_2(d)$$

Yn y dull hwn, cedwir pob crynodiad yn gyson heblaw crynodiad yr adweithydd dan sylw, ar dymheredd cyson. Ychwanegir meintiau bychain ond cyson o sodiwm thiosylffad a hydoddiant startsh at gymysgedd yr adwaith.

Pan fydd yr adwaith yn dechrau mae ïodin yn cael ei ffurfio ac yn adweithio â'r sodiwm thiosylffad

$$2Na_2S_2O_3 + I_2 \rightarrow Na_2S_4O_6 + 2NaI$$

nes i'r holl sodiwm thiosylffad gael ei ddisbyddu. Wedyn mae'r ïodin yn cyfuno â'r startsh gan roi'r lliw glas sy'n nodweddiadol o'r cymhligyn startsh-ïodin. Mesurir yr amser o pan gymysgir yr adweithyddion (ychwanegir yr ocsidydd yn olaf) tan adeg ffurfio'r lliw glas.

Mae cilydd yr amser hwn yn fesur o **gyfradd gychwynnol** yr adwaith.

Gellir gweld hyn o'r graff isod.

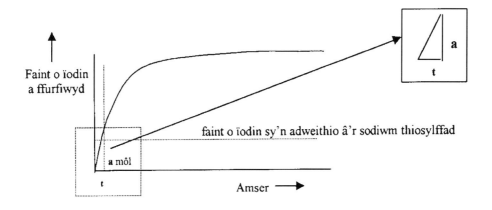

Cyfradd gychwynnol yr adwaith = graddiant y graff ar amser sero $\approx$ **a/t** môl s^{-1}

Gan fod maint y sodiwm thiosylffad yn gyson, mae **a** yn gyson

Felly:

Mae cyfradd gychwynnol yr adwaith mewn cyfrannedd union ag 1/t

(Pam mai maint *bychan* yn unig o sodiwm thiosylffad a ychwanegir?)

Gan ddefnyddio'r dull hwn, gellir gweld sut mae cyfradd *gychwynnol* yr adwaith yn amrywio gyda chrynodiad *cychwynnol* yr adweithydd dan sylw.

Gellir olrhain y rhan fwyaf o'r adweithiau lle caiff rhywogaeth lliw ei ffurfio, neu ei ddisbyddu, wrth i'r adwaith fynd ymlaen, trwy ddefnyddio lliwfesurydd.

Caiff golau monocromatig (neu olau sydd wedi mynd trwy hidlydd addas) ei yrru trwy gymysgedd yr adwaith a mesurir dwysedd y golau a drawsyrrir (I).

Os I_0 yw dwysedd y golau trawol, yna cysylltir crynodiad y rhywogaeth lliw â'r dwysedd trwy ddeddf Beer-Lambert

$$\log_{10}(I_0/I) = \varepsilon \, l \, c$$

$\log_{10}(I_0/I)$ yw'r amsugnedd neu'r dwysedd optegol

l   yw hyd y llwybr optegol

c   yw'r crynodiad

ε yw'r cyfernod amsugno

Mesurir I_0 fel rheol trwy afon y golau trwy offer unfath sy'n cynnwys yr hydoddydd pur. Mewn rhai offer mae paladr o olau yn cael ei rannu fel y gall yr offeryn gymharu yn uniongyrchol olau sy'n mynd trwy'r hydoddiant dan sylw a golau sy'n mynd trwy'r hydoddydd pur o dan amodau unfath.

Trwy ddefnyddio offer o'r fath, gellir mesur crynodiad y rhywogaeth lliw mewn perthynas ag amser wrth i'r adwaith fynd rhagddo.

Gall lliwfesurydd fod yn offeryn cymharol syml o'r math a geir mewn ysgolion neu sbectroffotomedr uwchfioled/gweladwy mwy soffistigedig. Mae'r rhan fwyaf o'r offer yn caniatáu i amrediad o donfeddi o 190 nm i 700 nm gael eu mesur.

Diagram yn cynrychioli sbectromedr paladr dwbl

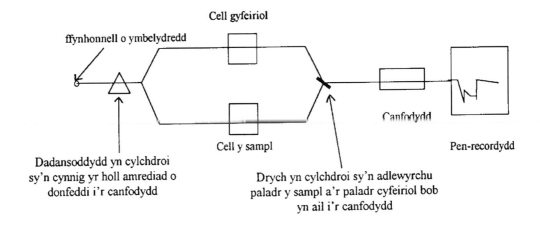

Testun cysylltiedig **Testun 12.3 Modwl CH4**

Mae dulliau eraill o ddilyn adweithiau i astudio eu cineteg yn cynnwys

    Mesur cynnydd neu leihad yng nghyfaint systemau hylifol (ymledfesureg)

    Mesur cynnydd neu leihad yn y gwasgedd ar gyfer systemau nwyol

    Newidiadau mewn actifedd optegol e.e. gwrthdroad swcros

    Dulliau sbectroscopegol eraill

Adran 3
Cemeg Anorganig

Mwynau

Canlyniadau Dysgu (dd) **ac** (e) **Testun 5.2, Modwl CH2**

Creigiau calsiwm a ffosffad

Mae'r creigiau calsiwm yn cynnwys

Calsiwm carbonad, $CaCO_3$, ar ffurf *sialc, calchfaen, calchit, marmor.*

Hefyd *Dolomit* $MgCO_3.CaCO_3$

Calsiwm sylffad, $CaSO_4$, ar ffurf *anhydrit*

Calsiwm sylffad-2-dŵr, $CaSO_4.2H_2O$ ar ffurf *gypswm*

Calsiwm fflworid, CaF_2, ar ffurf *fflworsbar*

Mae rhai ffurfiau gwaddodol ar galsiwm carbonad yn cael eu ffurfio wrth i ddefnydd o ffynonellau biolegol gael ei gronni. Cregyn a sgerbydau creaduriaid morol o oesau daearegol a fu yw'r defnydd hwn yn bennaf. Craig o'r fath yw calchfaen. Rhoddir tystiolaeth bod y calsiwm carbonad mewn calchfaen yn deillio o ffynonellau biolegol ar ffurf yr holl ffosiliau yn y rhan fwyaf o'r strata calchfaen.

Ceir calsiwm ffosffad, $Ca_3(PO_4)_2$, mewn sawl ffurf. Mae rhai o'r rhain yn ddyddodion eilaidd a ffurfiwyd gan hindreuliad creigiau ffosffad eraill ond mae rhai yn deillio o esgyrn a dannedd ffosil. Mae creigiau calsiwm yn bwysig oherwydd y ffyrdd y defnyddir hwy yn ddiwydiannol. Mae cynhyrchu calchfaen yn ddiwydiant enfawr, gyda tua thraean yn cael ei ddefnyddio yn y diwydiant sment a'r gweddill yn cael ei rannu rhwng balast ffyrdd, cemegau, amaethyddiaeth a chynhyrchu haearn a dur.

Defnyddir creigiau ffosffad i gynhyrchu asid ffosfforig, H_3PO_4 a'r elfen ffosfforws. Defnyddir asid ffosfforig yn y diwydiant glanedyddion a defnyddir ffosfforws i wneud ffosfforws triclorid, sy'n ddefnydd crai ar gyfer rhai pryfleiddiaid. Defnyddir ffosfforws triclorid i gynhyrchu asid ffosfforws (asid ffosffonig) a ddefnyddir i wneud chwynladdwyr fel glyffosffadau a sefydlogyddion ar gyfer PVC.

Calsiwm a magnesiwm mewn bioleg

Testun 5.2.1

Defnyddir calsiwm yn y corff i ffurfio esgyrn a dannedd iach. Mae'n anodd canfod diffygion bychain o galsiwm gan fod y lefelau o galsiwm yn y gwaed yn cael eu cynnal ar draul calsiwm yn y sgerbwd. Mae diffyg sylweddol o galsiwm yn achosi clefydau fel llech yr esgyrn a'r rheswm yw diffyg calsiwm yn y diet, neu weithiau oherwydd amsugniad calsiwm gwael yn y llwybr treuliad neu ddiffyg fitamin D. Mae gan ïonau calsiwm ran hefyd mewn trawsyrru signalau o fewn systemau byw fel negesydd eilaidd. Mae calsiwm yn cyflawni'r swyddogaeth hon oherwydd y gall ei grynodiad amrywio yn gyflym mewn ymateb i ysgogiadau allanol. Mae hyn yn bwysig mewn cyfangiad cyhyrol. Mewn cell orffwysol, mae crynodiad ïonau rhydd calsiwm tua 1.0×10^{-7} môl dm^{-3} ac mae hyn yn newid i tua 1.0×10^{-5} mewn cell a ysgogir. Mae hyn yn achosi i'r calsiwm ymrwymo i brotein penodol, gan newid ei siâp. Mae'r newid siâp hwn yn cael ei drawsyrru i broteinau eraill, gan ddechrau'r digwyddiadau sy'n achosi cyfangiad cyhyrol.

Mae cynnyrch llaeth yn ffynhonnell dda o galsiwm. Mae llaeth buwch yn cynnwys tua 0.03 môl dm^{-3} o galsiwm. Mae llaeth buwch hefyd yn ffynhonnell dda o ffosfforws ar ffurf ïonau HPO_4^{2-} a $H_2PO_4^-$ sydd yn cael eu rhwymo yn bennaf i foleciwlau protein. Mae presenoldeb ïonau citrad yn y llaeth yn atal y calsiwm ffosffad, sy'n anhydawdd iawn, rhag cael ei ddyddodi.

Mae presenoldeb fitamin D_3 neu golecalsifferol yn helpu'r corff i ddefnyddio'r calsiwm ynddo. Mae'r fitamin hwn yn digwydd yn naturiol yn y diet ac mae hefyd yn cael ei syntheseiddio yn y croen gan y golau uwchfioled mewn golau haul allan o'r 7-dadhydrocolesterol a geir yng nghelloedd croen epidermis.

Mae magnesiwm yn elfen bwysig iawn mewn biocemeg gan y'i cynhwysir mewn cloroffyl, sail ffotosynthesis mewn planhigion gwyrdd.

Moleciwl cloroffyl a

Sylwer sut mae'r magnesiwm yn ffitio yn y "twll" yn y moleciwl

Mae magnesiwm hefyd yn bresennol yn y sgerbwd dynol ac i ryw raddau ym mhob meinwe. Mae hefyd yn cymryd rhan mewn rhai prosesau ensym ac, ar ôl potasiwm magnesiwm, dyma'r prif gatïon mewn hylifau rhyng-gellol. Pur anaml y ceir diffyg magnesiwm.

Elfennau trosiannol

Canlyniad Dysgu (ff) **Testun 21, Modwl CH5**

Pwysigrwydd diwydiannol yr elfennau trosiannol

Mae'n rhaid i ymgeiswyr wybod bod yr elfennau trosiannol yn elfennau diwydiannol pwysig ac y gellir eu hystyried o dan benawdau fel

- Defnyddiau adeiladu. Mae haearn a dur a'r aloiau cysylltiedig wedi cael effaith ddwys ar ein bywydau ac yn parhau felly. Dylai ymgeiswyr allu cysylltu gallu'r elfennau trosiannol i ffurfio amrywiaeth mor eang o aloiau â phriodweddau'r elfennau. Dylent wybod enghraifft o aloi penodol e.e. pres.

- Dargludyddion trydan. Efallai y bydd ymgeiswyr yn dymuno sôn am gopr yn cael ei ddefnyddio fel y prif ddargludydd trydan mewn cylchedau trydan domestig a diwydiannol.
- Cataylyddion. Mae'n rhaid i ymgeiswyr allu rhoi enghreifftiau o brosesau a nodir yn y maes llafur lle defnyddir elfennau trosiannol a'u cyfansoddion fel catalyddion diwydiannol.

Elfennau trosiannol mewn systemau byw

Mae'n rhaid i ymgeiswyr allu rhoi enghraifft o elfen drosiannol mewn systemau byw. Gellir defnyddio'r enghreifftiau a ganlyn.

Mae'r elfennau bloc-d yn bwysig mewn llawer o systemau biolegol, gydag adweithiau yn seiliedig ar eu cemeg rhydocs a chyd-drefnol nodweddiadol. Mae'r ligandau sy'n cymryd rhan yng nghemeg yr elfennau trosiannol mewn systemau byw yn cynnwys dŵr, moleciwlau organig syml, porffyrinau ac ystlysgadwynau asidau amino.

Nid oes angen i ymgeiswyr fanylu, ond dylent allu dwyn i gof enghreifftiau o'u dewis eu hunain, er enghraifft:

- Fanadiwm. Mae hwn i'w gael mewn rhai creaduriaid morol.
- Cromiwm. Mae hwn yn gydffactor yn system hormon inswlin sy'n rheoli lefel glwcos yn y gwaed.
- Manganîs. Mae'r elfen hon i'w chael mewn esgyrn, meinweoedd a rhai organau. Mae'n bresennol mewn llawer o systemau ensym. Fel llawer o elfennau hybrin, nid oes modd gwybod yn fanwl faint sydd ei angen bob dydd, ond mae'r ffigur tua 3 mg y dydd. Ffynonellau sylweddol ohono yw cnau a grawn heb ei buro.
- Haearn. Mae haearn yn bresennol yn y gwaed mewn haemoglobin. Mae lle'r haearn yn adeiledd y porffyrin mewn haemoglobin yn debyg i le'r magnesiwm yn adeiledd y porffyrin mewn cloroffyl. Mae'n bresennol ym mhob meinwe ac organ ac fe'i hysgarthir yn araf gan y corff, felly mae haearn yn rhan hanfodol o ddiet iach. Dylid osgoi cymryd gormod o haearn, ond ar adegau fel cyfnod beichiogrwydd bydd meddygon fel rheol yn argymell cymryd mwy o

haearn. Ffurfiau cyffredin o ychwanegion haearn yw haearn(II) sylffad, haearn(II) ffwmarad a haearn(II) glwconad. Mae diffyg haearn yn arwain at anaemia.

- Cobalt. Mae hwn yn rhan o fitamin B_{12}.
- Nicel. Mae hwn yn hanfodol ar gyfer rhai ensymau.
- Copr. Mae hwn yn bwysig i ffurfio haemoglobin ac felly mae anaemia ymhlith symptomau diffyg copr.
- Sinc. (Er bod hwn yn elfen bloc-d, nid yw'n cael ei ddosbarthu fel elfen drosiannol fel rheol) Ceir sinc mewn llawer o systemau ensym ac mae'n bwysig ym metabolaeth glwcos.

Mewn cyd-destun mwy cyffredinol, dylid nodi y gall micro-organebau fod yn ddefnyddiol wrth drwytholchi metelau o fwynau gradd isel neu wrth ddileu metelau gwenwynig o'r amgylchedd. Defnyddir bio-drwytholchi eisoes yn y diwydiant echdynnu copr.

Y Rhyngrwyd

Mae'r rhyngrwyd yn cynnig ffynhonnell werthfawr o wybodaeth am gemeg. Bydd defnyddio peiriannau chwilio yn ofalus yn galluogi myfyrwyr i ddarllen, llwytho i lawr ac argraffu amrywiaeth eang o wybodaeth yn gysylltiedig â phob cangen o gemeg a'r diwydiant cemegol.

Y Bwrdd Arholi   www.cbac.co.uk

Rhai gwefannau y bydd myfyrwyr efallai yn eu cael yn ddefnyddiol

cyfeiriad y wefan	/	gwybodaeth
www.acdlabs.com	/download	meddalwedd
www.ashland.com	/education/oil/refining	siartiau
www.britannica.com	home page	
www.liv.ac.uk	/Chemistry/Links/links	cysylltiadau gwe Prifysgol Lerpwl
www.nuffield.com		tudalen cartref
www.rmplc.co.uk	/eduweb/sites/maschools/chemi/	Safon Uwch
www.webbook.nist.gov	/chemistry/	Data
www.webelements.com		Tabl Cyfnodol y gellir ei argraffu
www.rsc.org		tudalen cartref
www.chem.uic.edu	/web1/ocol/SB/CH1sum	Cemeg Cyffredinol Paul Young Prifysgol Illinois yn Chicago
www.sciencebase.com		
www.tiger.chm.bris.ac.uk	/cm1/RogerEC/welcome.htm	sbectra

Mynegai